改變人類命運的

科學家們

과학자들 1

從哥白尼到牛頓，地球依然在轉動

之一

　　現今社會中，若說凡事都可以用科學來說明，也不過分，一切都可以用「科學」或「不科學」判斷或解釋。我們人類，別說是遙遠的銀河系另一邊的宇宙了，就連同屬於太陽系較近的其他行星都無法看見，但科學家們深信所計算出來的星星運行定律，以及哈伯太空望遠鏡所傳送回來的資料照片。不管有任何爭論，只要能提出較多科學實證證據的一方，理所當然地就會是贏家。

　　今日的科學，與支配中世紀西方世界的羅格斯（Logos）啟示相比較，科學的權威也毫不遜色。科學的理性貫穿了整個19世紀到20世紀，在深深影響世界觀並滲透人類靈魂的同時，尚有胡塞爾（Edmund Husserl）等哲學家們，警告實證主義的穿鑿附會思維是危險的。只是時代已經走到這一步了，大眾已經捨棄觀念哲學、批判哲學，轉而選擇更聰明的科學。然而在過去，哲學家們以部分思維所研究的自然哲學，卻佔據了學問的龍頭地位。

　　在現代社會，連宗教都會被批評為不科學，顯見這個時代的科學已經比宗教更具有優先地位。然而在過去，也曾經有過宗教大於科學的時代。是人們只相信神的話語、信任神在人間的代理人的教誨，科學被視為非宗教、非合理，受到批評與責難的時代。其實那個時代並不遙遠，在那個時空中，許多思想家既是哲學家、又是科學家也是鬥士。這套《改變人類命運的科學家們》介紹了從古代自然哲學家，到20世紀的科

學家們的奇聞趣事。為了告知世人自己理解這個世界原理與現象的方式，他們經歷了無數的奮戰歲月，最後成為了學問的主角，而這些終將成為他們的編年史也說不定。

對於熟悉人文多過於科學的人們來說，科學性的內容確實不易親近，然而，這些看似與我們毫無關係的科學，若能從歷史或人物角度開始接觸，或許就能當成故事一般慢慢理解，進而產生自信。於是，這本書誕生了。

《改變人類命運的科學家們》系列書籍，收錄了科學史50個經典場面，以及讓這些場面得以成真的52位科學家的故事。其中第一冊有集學問大成的古希臘哲學家亞里斯多德，主張日心說的伽利略，觀察天體動向的第谷和克卜勒，古典力學創始人牛頓等等，孕育科學這門學問並使其成為理論的13名科學家。

在科學受到宗教評斷的時代，究竟發生了什麼事情呢？當時科學家做了哪些工作？希望大家從《改變人類命運的科學家們【之一】：從哥白尼到牛頓，地球依然在轉動》中可找到答案。

2018年9月
金載勳

「沒有大膽的猜測，就不會成就偉大的發現。」

──牛頓

什麼才算是常識呢？

我們覺得理所當然的事情，

科學家們開始對它們產生疑問，

對其根本和原理提出無數問題。

目錄

01

延續兩千年的常識

亞里斯多德

亞里斯多德 Aristoteles (B.C. 384～B.C. 322)

古希臘哲學家。他有系統且龐大的研究，直至近代為止，對各個學問領域都產生了很大的影響力。特別是在自然科學領域，他設計了宇宙觀、運動觀、物質觀、動物學等框架。

牛頓的古典力學，馬克士威的電子技術，愛因斯坦的廣義相對論以及量子論，構成了今日的科學世界觀。受他們影響的歷史長達三百多年，直到最近不到數十年，科學界才又開始新的局面。

但是，亞里斯多德的知識體系，足足凌駕於人類智慧的歷史長達兩千多年，其中的部分知識，仍然可適用於我們的常識與經驗。

亞里斯多德這個名字，至今在全世界多所大學的各種學科課程上都還會出現。

西元前4世紀，亞里斯多德幾乎集大成了所有學問領域，完成了用直觀方式理解和推論的科學世界觀。

除了哲學之外，在邏輯學、倫理學、藝術等人文領域，他的思想至今仍是學術界討論和研究的對象。

亞里斯多德在自然科學領域的成就，也是近代好幾個世紀的科學家們必須越過的山。

歷經希臘化時代、羅馬帝國的興亡、伊斯蘭文化圈的擴大，以及中世紀文明的歷史，都沒有出現一個能全面威脅亞里斯多德知識的思想家。

中世紀傳說中的人物，天主教會神父阿奎那（St. Thomas Aquinas），他將亞里斯多德的哲學和世界觀與基督教教義融合，憑藉集大成的神學，成為神學界的最高權威。

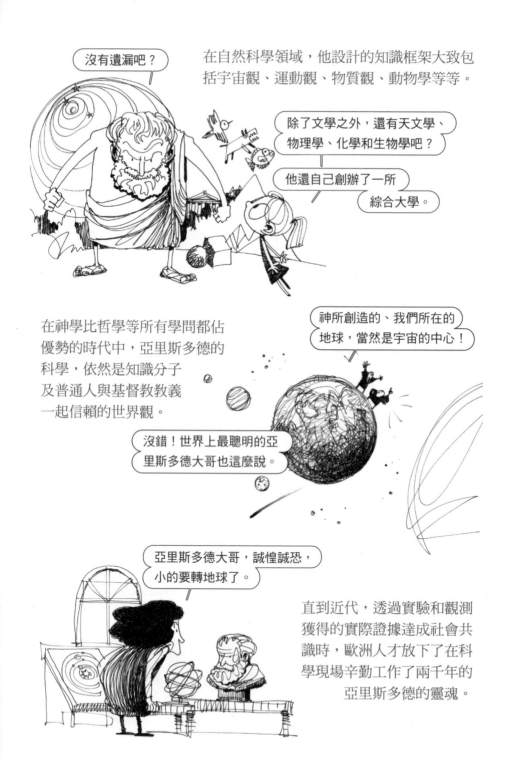

沒有遺漏吧？

在自然科學領域，他設計的知識框架大致包括宇宙觀、運動觀、物質觀、動物學等等。

除了文學之外，還有天文學、物理學、化學和生物學吧？

他還自己創辦了一所綜合大學。

在神學比哲學等所有學問都佔優勢的時代中，亞里斯多德的科學，依然是知識分子及普通人與基督教教義一起信賴的世界觀。

神所創造的、我們所在的地球，當然是宇宙的中心！

沒錯！世界上最聰明的亞里斯多德大哥也這麼說。

亞里斯多德大哥，誠惶誠恐，小的要轉地球了。

直到近代，透過實驗和觀測獲得的實際證據達成社會共識時，歐洲人才放下了在科學現場辛勤工作了兩千年的亞里斯多德的靈魂。

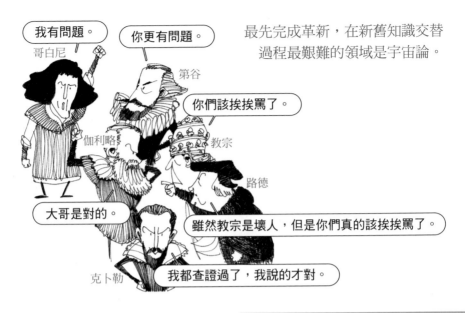

我有問題。

哥白尼

你更有問題。

第谷

你們該挨挨罵了。

教宗

伽利略

路德

大哥是對的。

雖然教宗是壞人，但是你們真的該挨挨罵了。

克卜勒

我都查證過了，我說的才對。

最先完成革新，在新舊知識交替過程最艱難的領域是宇宙論。

亞里斯多德以月球為基準，將宇宙分為地上界和天上界。

從這片土地到月亮，是不完整的人類領域，月亮到天球那邊，是完整的神的領域。

那我們是哪個領域？

高貴的天上界運動在數學上只會是完美的圓周運動。

如果不是的話呢？

天上界以地球為中心畫一個完整的圓，進行圓形軌道的等速運動。當然，這個圓周運動不僅是行星，還包括太陽。

此後，托勒密（Claudius Ptolemy）繼承了亞里斯多德的地心說思想，他結合自己的觀測和計算，整理並出版相關書籍。

我費盡渾身解數，說明地球是天體的中心。

他不知道這是錯的，所以才這麼累。

雖然地心說這個理論與實際的太陽系運動截然相反，但是只要不是一邊生活一邊用望遠鏡一一觀測，還算符合經驗和常識。況且，這個理論也不會帶來不便。

會頭暈嗎？

不會。

我就說吧，這是因為地球不會動。

你是天才嗎？

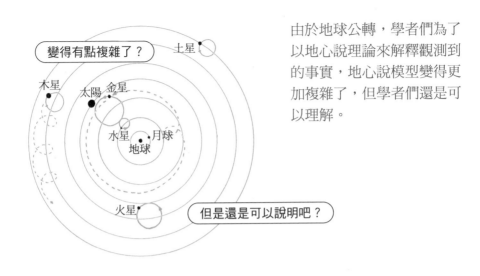

由於地球公轉，學者們為了以地心說理論來解釋觀測到的事實，地心說模型變得更加複雜了，但學者們還是可以理解。

教會的領導階層十分滿意，而一般百姓根本不在乎。

被認為是常識的地心說在1543年受到了哥白尼的挑戰，之後爭論不斷，隨着克卜勒完成的新宇宙模型，地心說逐漸消失在科學史中。

對於亞里斯多德來說，地面的物理法則也是宇宙觀的延伸。他認為不完整的地上界運動，是有開始且會終止的直線運動。

大家也一直相信，降落物體越重，就會掉落得越快，直到伽利略提出證明反論。

萬物的起源為何⋯⋯這是我長年思考的問題。

亞里斯多德的科學理論中，物質觀和宇宙論一樣經歷長時間浮沉。

你怎麼在挖鼻孔？

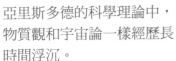

是水。

是空氣。

是火。

是我啦！

古希臘的自然哲學家們對於宇宙的萬物是由什麼構成，各自有自己的見解。

泰利斯

阿那克西美尼

赫拉克利特

其中，最讓亞里斯多德滿意的是恩培多克勒（Empedokles of Akragas）主張的四元素說。

火、水、氣、土四種結合又分離之後生成萬物。

要怎麼結合又分離呢？

用愛結合，而憎惡使它們分離。

我一直都是單身，所以不太清楚這個道理。

亞里斯多德在四元素的基礎上，添加了各元素相對應的性質，對四元素說進行改造。說明了基本物質其各性質的組合生成和消失，以及地面物質的變化。

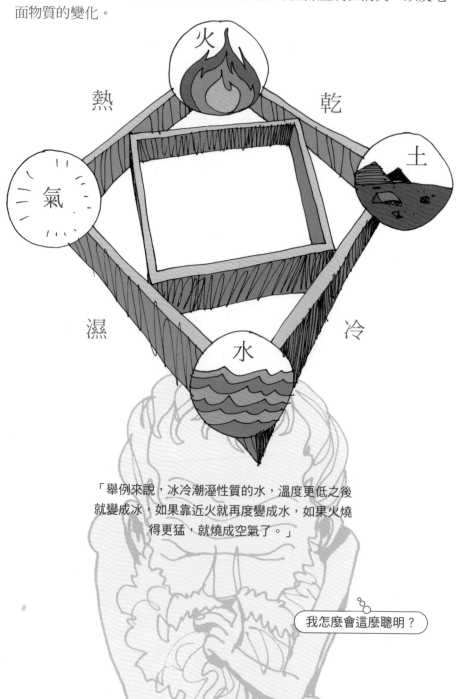

「舉例來說，冰冷潮溼性質的水，溫度更低之後就變成冰，如果靠近火就再度變成水，如果火燒得更猛，就燒成空氣了。」

我怎麼會這麼聰明？

然後根據重量，他也確定了
物質的等級和所在位置。

四元素說刺激了後來化學的始祖──煉金術師以及研究物質變化的科
學家，進而促使許多實驗儀器的發明。

火不是元素的事實被揭露後，學者不再信任亞里斯多德的物質體系。火是物質和氧氣結合的「燃燒過程」，空氣也並非一種根本物質，而是氧氣和氮氣等多種元素的混合狀態。

隨着對物質的結合、分離以及變化的研究，超越了肉眼可見的常識範圍。亞里斯多德在物質觀上的權威也拱手讓給了近代化學。

亞里斯多德將動物分類為540種，這個分類方式一直使用到18世紀林奈（Carolus Linnaeus）生物分類系統出現為止。

天文學家、物理學家、化學家和生物學家們，他們在讓亞里斯多德退出科學舞台的過程中，開始成為各領域的革命家或領導之父，用理性照亮世界。

在當今科學中，亞里斯多德雖然已無立足之地。但假使人類沒有經歷過嚴密的觀察或計算所累積的經驗，我們依舊會遵循他的看法。

亞里斯多德累積了超乎人們一般經歷和理解的常識，是通曉廣泛知識的科學家。

02

原子的回憶

德謨克利特

德謨克利特 Democritos (B.C. 460?～B.C. 370?)

古希臘哲學家。確立了基於物質主義的古代原子論。他認為
宇宙是由最小單位的原子粒子和虛空構成的。

從古希臘時代到中世紀末，亞里斯多德稱霸歐洲知識性盟主的兩千多年間，德謨克利特的原子論仍處於沉睡中的狀態。直至近代的曙光照耀科學的世界，亞里斯多德被擠出了主舞台，德謨克利特很久以前憑直覺想像出來的微觀物質，才開始受到關注。

原子（atom）是以「無法再分解的物質
最小單位」的假設開始，

原子可以說明質量
守恆定律和定比定律。

以前我就用原子解釋世界萬物了啊。

原子不是問題！電子、
原子核、質子、中子、夸克……

你是說有一堆問題嗎？

但是，科學家們深入原子
內部之後發現了新物質，
並追蹤其原理。至今該研
究仍在繼續。

全都可以得諾貝爾獎了。

來到20世紀以後的現代科學，學者們都在探索比原子更細微的領域。

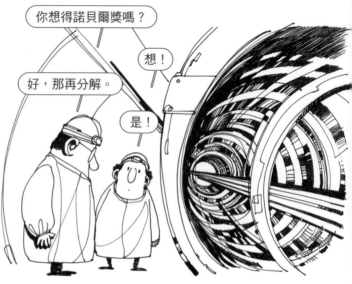

但是，1803年英國化學家道爾吞（John Dalton）提出近代意義上的原子論時，西方科學界無法欣然接受這一理論。理由很簡單，因為大家看不到。

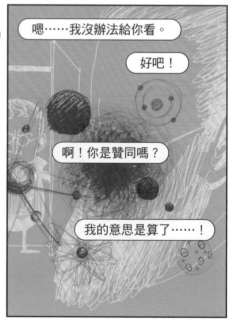

甚至以研究音速而聞名的奧地利物理學家馬赫（Ernst Mach）也不認同原子論。馬赫曾誇下海口說，原子是否存在都無法確認，即使沒有原子，依然可以研究物理學。

當德謨克利特主張原子論時，也是因為光憑感覺無法確認實體，而被眾人冷落。

古代希臘學者們用水或火等物質和現象說明自然界，或者用數字等抽象概念談論世界的構成原理時，德謨克利特大膽地主張了「無論是自己或任何人都沒有見過的原子，而世界是由這假想的存在所組成的」。

萬物的起源為何？

我已經聽膩這句話了。

幾千年後，也許能看到原子吧。

什麼？

我猜應該會是電子顯微鏡、線光譜或是粒子加速器吧。

他說的那些是什麼？

德謨克利特幾乎與蘇格拉底（Socrates）生活在同一時代，他說原子並不是透過感覺器官直接看到和感覺到的，而是透過理性來掌握的。

想像是自由的……

如果是聰明的人，也許能夠用理性看到原子們在跳舞吧。

你是說理性之眼？

大家都說那是心靈之眼……

但是柏拉圖（Plato）徹底排斥原子論，
亞里斯多德也批評其研究不符合日常觀察，
並且認為恩培多克勒的四元素論更加恰當。

就這樣，雖然德謨克利特被擠出了古代自然哲學的主流，但仔細研究他的原子論，就會發現與現代科學的方法論有相似之處。

所以才會被人說是活在古代的現代人。

他被排擠了。

德謨克利特認為宇宙是由最小單位的原子粒子和虛空構成的。

是誰說宇宙被第五元素填滿了？

是我說的吧？

我真不想說不是。

在空曠的空間裡，原子會相互碰撞、結合或是散開，形成自然界的現象。在此過程中會產生形成物體或消滅物體等變化。宇宙也是在原子的漩渦中誕生的。

水、火、空氣、土都是原子碰撞結合而成的。

在現代科學中，核融合和核分裂也是比原子更小的單位。

我真想要看看。

這和亞里斯多德主張的天體不滅說法正好相反耶？

ARISTOTELES

從各方面看，我和他走上不同道路了。

德謨克利特主張，原子的大小、形狀、排列、位置，以及原子之間結合和分離的方式，都會影響物質性質的呈現。

---

*原子軌域
指原子、分子結晶中的電子、或原子核中的核子等量子力學的分布狀態。

*同位素
指原子序數相同，但質量數不同的元素。

我們可以寫說您預見原子軌域*、原子量和同位素*嗎？

雖然我不知道那是什麼，但是我很有風度，你們想寫就寫出來吧。

哦！這可少不了碳水化合物對吧？

全部都是。

另外，生物也是原子結合產生出來的。

我想說的是，無論是靈魂，還是對神的想像，都是原子的產物。

更進一步說，人的精神也是由原子的運動產生的。

啊啊???這樣說很危險耶。

由於德謨克利特主張人類的精神都是由原子所形成，
所以被評價為當今的唯物論者。
可是，他的這種想法被神學所支配的中世紀徹底排斥。

中世紀歐洲那麼愛惜亞里斯多德
卻排斥你，你很難過吧？

這是我自作自受……

真的嗎？

哥白尼和笛卡兒等近代學者在討論人類理性時，也沒有排除神的存在，由此可見，他的唯物主義世界觀是多麼的創新。

也許日後會有人推翻20世紀，並且以我的名義寫博士學位論文。

是誰呢？

我猜應該是叫做卡爾（Karl）⋯⋯

Karl Marx

我的博士論文是〈德謨克利特的自然哲學和伊比鳩魯的自然哲學之區別〉。

大哥！我愛你。

不過，還是有粉絲受到你的影響耶？

Epikuros

在哲學方面好像不太奏效。

德謨克利特主張人的生命和死亡等同於原子的結合和分散。他對人們說：「沒有死後的世界，在有生之年要快樂地生活。」這種思想被希臘化哲學家伊比鳩魯（Epicurus）傳承為快樂主義。

德謨克利特實際上是一個精通哲學、倫理學、數學、幾何學、歷史、法學、音樂和詩詞等多方面學問，寫過七十多本著作的博學之人。

那不就和亞里斯多德差不多嗎？

我和他走的路不一樣！

你生氣了嗎？

你老是提起亞里斯多德，所以我不爽！

如果用現今的科學來看德謨克利特的原子論，其中存在著錯誤。

粒子加速器可以撞碎原子嗎？

我只想說，古希臘沒有這樣的工具。

原子內部的空間是空的嗎？

我比較想問古希臘人想要的是什麼？

但是在科學的發展史上，有哪個理論是完美無缺的呢？

你也想看看吧？

當然。

德謨克利特原子論的侷限性在於，在探索物質的過程中，不是透過觀察和實驗的科學方法，而是以直觀的想像設計的世界觀。

德謨克利特在沒有進行觀察和實驗，也沒有值得參考的先行研究事例的情況下，只用直覺繪製出了原子論。但有趣的是，他的原子論與數千年後近代科學家道爾吞所提出的原子論，並沒有太大的脈絡差異。

德謨克利特肯定現世的
生活，追求健康快樂的
思想，所以被人們稱為
「笑的哲學家」。

他在中世紀一直沉睡，
直到亞里斯多德的權威思想閉上眼睛後，
他再度覺醒綻放笑容。

從兩千年的長眠中醒來的原子，從19世紀
開始，逐漸被熱情的科學家們發現。

現在依然一點、一點地……

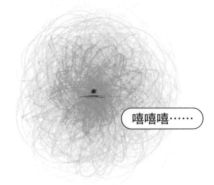

03

科學革命的序曲
哥白尼

尼古拉·哥白尼 Nicolaus Copernicus(1473〜1543)

波蘭天文學家。他用肉眼觀測天體，並整頓了日心說的體系。隨着哥白尼日心說的出現，拉開近代科學的序幕。

對於現今的我們來說，日心說是理所應當的知識。但是從日常經驗來看，地心說並不是一個可以輕易廢除的理論。太陽今天還是從東邊升起，至西邊落下，夜空中的星星在我們頭頂上旋轉，而我們站在不會動的地上，沒有一絲暈眩感。

近兩千年來，地球人以地心說的常識生活，沒有任何不便。

直到16世紀，哥白尼重新擺放地球和太陽的位置。

西方近代哲學的偉大思想家康德（Immanuel Kant）在《純粹理性批判》中，誇耀自己新發明的思維框架是多麼超越時代。

這也從旁證明，哥白尼很早就在科學舞台上引起的巨大影響和革新。

從古代至近代，亞里斯多德是中世紀歐洲獨一無二的超級巨星。

不僅是哲學、政治、宗教、倫理學，還有科學領域。

向亞里斯多德大哥敬禮！

免禮。

天體是繞著優雅且完美的圓在旋轉，對吧？

你還挺懂的嘛。

他提出地球是以水、火、土、空氣四種元素構成，而充滿乙太的宇宙是以地球為中心旋轉。此後，托勒密透過數理和幾何學，將此理論變得更加精巧且系統化。

地心說的權威一直統治歐洲社會直至16世紀，其根源在於兩個根深蒂固的觀念。

「天體運動應該是最完美形態的圓。」

「神愛的被造物，人類生活的地球應該是宇宙的中心。」

妳要不要跟我交往？

找死嗎？

正如亞里斯多德的經院哲學與中世紀神學相遇一樣，地心說也與基督教教義相契合。

位於圓圓的天上的天父啊……

應該是繞著圓圓的天轉動才對吧？

教宗是尊貴的！

你放屁！

神職人員是神的代理人！

聽你胡說！

購買贖罪券你可以獲得福氣！

真是鬼話連篇！

由於宗教改革，統治中世紀歐洲社會的天主教會的權威瞬時崩潰。然而，地球是宇宙中心的地心說仍然健在。

地球不會轉動！

終於說句人話了。

在人們的腦海中，地球是一動不動的。

我不會動！

真想告訴他們。

1473年，哥白尼在波蘭土倫出生，他是商人的兒子。10歲時父親去世，但在有名望的神職人員舅舅盧卡斯·瓦曾羅德的資助下，得以接受高水準的大學教育。

他在當時的文藝復興中心——義大利上大學，從自然科學到實用科目，廣泛地研究各種學問。

對天文學深感興趣的他在讀阿基米德（Archimedes）的書時，知道了古希臘哲學家阿里斯塔克斯（Aristarchus）主張的日心說。

西元前3世紀，希臘思想家
阿里斯塔克斯曾用三角法計
算太陽和月球的相對距離，
並推測比地球大許多的太陽
是天體的中心，但是被置之
不理。

1377年，法國哲學家兼
主教奧里斯姆（Nicole
Oresme）也曾主張日心
說，但是他最後選擇了退
位。

哥白尼完成學業後回到故鄉，他曾擔任大主教舅舅的醫學顧問、地區醫生以及大教堂的參事。他利用晚上觀察星星，繼續研究天文學。

你在屋頂上幹什麼？

哥白尼不喜歡地心說。

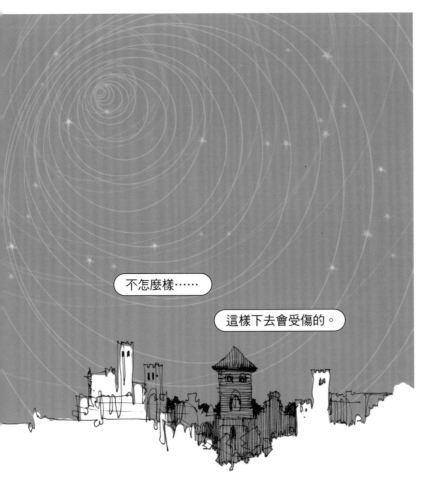

不怎麼樣⋯⋯

這樣下去會受傷的。

他之所以對地心說感到不滿，是因為他堅信，科學原理應該能簡潔地表達出來。

托勒密的宇宙模型中的太陽和行星，並不是單純地以地球為中心進行圓周運動。

地心說模型之所以複雜，是因為它當初的假設就帶有缺陷。

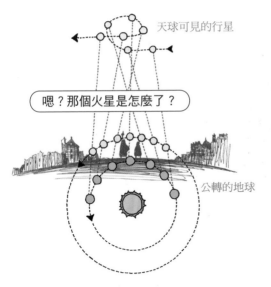

天球可見的行星

嗯？那個火星是怎麼了？

公轉的地球

如果實際觀測到行星的移動，就會發現逆行運動。但是，托勒密的地心說無法明確說明此現象。因為逆行運動是因地球和其他行星的公轉速度差異而產生的現象。

即使如此，學者們也沒有懷疑地心說。他們無論如何都要用圓圈宇宙模型說明觀測結果，於是加入了周轉圓的概念。

周轉圓運動是指行星圍繞地球反覆旋轉。隨着時光的流逝，周轉圓的數量也增加了很多。

周轉圓運動

逆行運動

天空變得太複雜了。

這樣也好過地球會轉動。

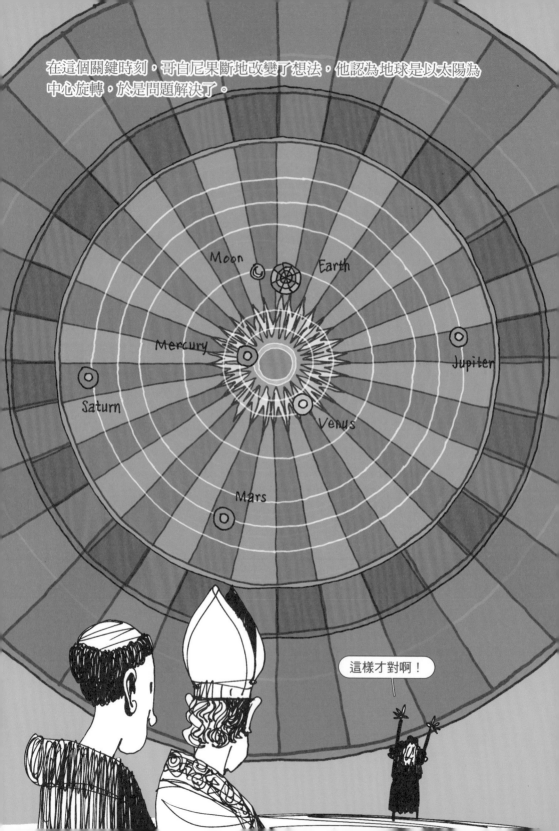

日心說雖然將位於宇宙中心的地球推到外圍，但是它比地心說更能簡明地解釋行星的排列和週期，內行星和太陽之間的距離以及逆行運動等等。

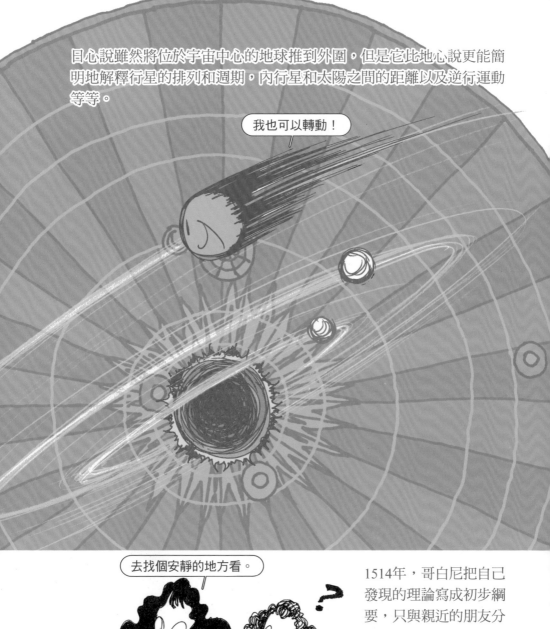

我也可以轉動！

去找個安靜的地方看。

什麼？是什麼好東西？

1514年，哥白尼把自己發現的理論寫成初步綱要，只與親近的朋友分享。雖然這是驚人的發現，但是他並沒有四處宣揚，而是慎重地觀察大家的反應。

哥白尼的朋友們非常讚賞日心說理論，手抄本流傳的文獻很快在人群中傳播開來，越來越多的人喜歡他的宇宙模型。因為它比地心說更明確、更優雅。

老師～！我愛你！

你是誰？

請收我為弟子！

其中最積極的人是德國數學家雷替克斯（Georg Rheticus）。他讀了日心說之後深受感動，立刻跑來找哥白尼。

雷替克斯自稱徒弟兼助手，並執意要求哥白尼盡快出版研究成果，並於1540年出版了《初述》。

老師，快點出書吧。

現在還不是時候啊？

是不是時候要等出了書才知道啊。

那麼先挑一部分就好……

原本擔心打破延續兩千多年的禁忌，會引起巨大風波而猶豫。但是，天主教會並沒有做出特別的反應。

雷替克斯鼓勵順勢向世人公開研究內容，但哥白尼仍不敢掉以輕心。

最後雷替克斯決定離開，
由奧西安德（Andreas Osiander）神父負責出版，
《天體運行論》一書在哥白尼逝世的1543年出版，
成為近代天文學的起源。

奧西安德在序言中說道，此書只是預測太陽為中心，用來計算行星運動的數學假設。

哥白尼堅信自己奉獻一生的研究會成為正確的天文學先驅，並堂堂正正地寫下了這樣的信念。

「教宗先生應該能夠以公正的判斷，從誹謗者的詭計中保護我。」

「世上太多無知多言的莽漢，即便他們歪解聖書中的章節，攻擊我的著述。我也不會介意，反而鄙視他們魯莽的批評。」

天主教會原本處於保留態度，但是在伽利略公開支持日心說之後，《天體運行論》被列為禁書。

哥白尼留下的成績和課題成為探索正確天體的試金石，第谷、克卜勒、伽利略等學者並繼承了他的執著和熱情。《天體運行論》直到兩百年後的19世紀初，才從禁書中解除。

日心說雖然革命性提出地球自轉，但是哥白尼無法放棄對表現神的法則和完美的圓的迷戀，並且堅持了等速運動。因此，出現了哥白尼周轉圓運動，直到後來克卜勒完成天體運動模型為止，日心說一直呈現不完美的樣子。

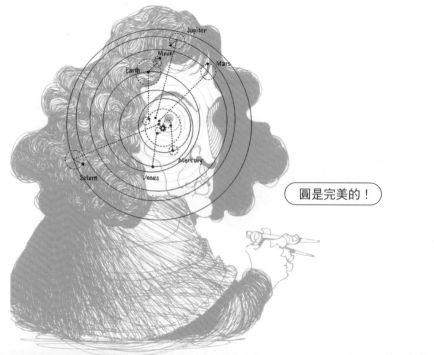

04

人類望遠鏡
第谷

第谷·布拉赫 Tycho Brahe(1546～1601)

丹麥天文學家。在沒有望遠鏡的時期,他以精密的單位觀測了行星和星星,在這之前沒有任何人嘗試過。此外,他還發現了推翻亞里斯多德天文學的觀測證據。

第谷對天文學的熱情和自尊心與眾不同。他發現了超新星，觀察了彗星，精確地測定了多達777顆恆星的位置，並且留下了大量的天文觀測資料。這些成績都是在沒有望遠鏡的年代，他自己彌補了觀測設備的缺陷而獲得的。多虧了第谷的資料，克卜勒才得以奠定了近代宇宙論的基石。

在哥白尼發表日心說，開啟近代科學革命的砲口之後，學者們依然對宇宙的認識爭論不休。

關於宇宙模型何者正確的爭論一直在持續，科學界分為支持地心說和支持日心說兩個方向進行研究和授課。

當時的地心說以天主教會
為中心，穩固地佔據著位
置，因此宇宙論經歷混亂
的過渡期。

哥白尼的日心說無法完全推翻之前亞里斯多德
對宇宙觀的假設。

他以地球運轉的事實為前提，努力解釋清楚天體運動。但是他疏忽了天文學的基本觀察。至少，從第谷的標準來看是這樣的。

誰說我的觀察不確實？

我。

想要研究科學，那就該好好做，不是嗎？

該怎麼做呢？

當時第谷是丹麥貴族，因為一個原因，他對以前所有的天文學家都感到不滿意。

正確、充分地收集數據不是最基本的嗎？

第谷有資格說那樣的話。

第谷的父親的奧托·布拉赫的是位高貴的貴族，叼着金湯匙出生的第谷被伯父約爾根·布拉赫綁架。因為父親曾經承諾，如果哥哥沒有後代，就給他一個兒子做為養子。

伯父為了把第谷培養成繼承自己的貴族，從小就進行了高水準的教育。

1560年，第谷目睹了決定自己前途的重大事件，那就是日蝕。令第谷醉心的並非日蝕本身的光景，而是天文學家們以記錄月球軌道的觀測表為基礎，預告了日蝕。另外，雖然養子的表現有違自己期待，但是伯父還是按照上流社會的慣例，將第谷送到國外留學，並且請家庭教師兼監視者一起前往。

第谷在萊比錫大學專攻法學，但他更熱中於天文學和數學，晚上都在觀察星星，還購買了天文觀測設備和有關天文學的書籍。

第谷對天文學越感興趣，他的不滿就越大。
到那時為止，天文學家們並沒有花費很長時間來觀測星系，而是以觀察特定現象的經驗為基礎，更加依賴於文獻和直覺，所以記錄的資料有很多錯誤。

隨着歲月的流逝，第谷產生了更大的使命感。

其間，伯父為了救落水的丹麥國王
弗雷德里克二世而受傷，最終不治
身亡。

這恩情您會還給我那個
脾氣壞，視力好的孩子吧？

我不是一位暴君，我會感謝你的，你安息吧。

死到臨頭還要干涉我⋯⋯

1566年月蝕發生之時，第谷透過占
星預測了當時鄂圖曼土耳其帝國的
蘇丹王蘇萊曼即將逝世，並因此而
聲名大噪。

我已經是80多歲的老人耶？

算我矇對總可以吧？

第谷有次在與某個貴族發生口角時被打斷了鼻子。

我要讓「第谷的鼻子」在很久以後成為熱搜關鍵字。

為什麼要決鬥？

因為脾氣差吧。

沒有鼻子要怎麼出門？

閉門不出，在家觀測天文吧。

1572年第谷在仙后座的位置上發現了超新星。超新星是恆星在到達最後階段時，爆發並發出巨大光亮的現象，是當時的人們難以理解的天文現象。

原本只有五個，那特別明亮的是什麼？

那是大人物即將出現的徵兆。

我會不會就是那個大人物？

雖然其他人也能在大白天看到閃閃發光的星星，但是當其他人感到神奇時，第谷用了18個月的時間仔細觀察了星星的動態。

第谷在1573年出版了《新星》，他主張那顆星確實是屬於天上界的新星。這是對亞里斯多德宇宙世界觀中天體不變理論的反抗。

第谷還測試了恆星視差*。但是當時的觀測裝備有限，沒有發現恆星視差，因此得出的結論無法證明地球公轉。

*恆星視差
依照日心說理論，如果地球繞著太陽運轉，且恆星不會移動，則在一年中的不同時刻，從地球觀測兩顆恆星的相對位置應該也會不同。

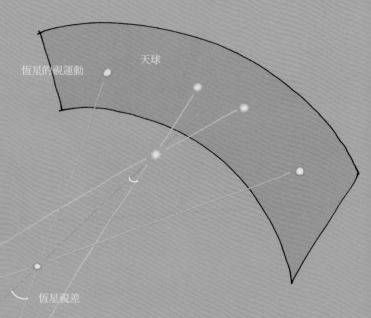

天球

恆星的視運動

地球

恆星視差

距離遙遠的恆星很難觀測其視差。

你看！哥白尼錯了吧？

是不是太遠了，沒看到視差？

你懷疑我的視力嗎？

無論如何，第谷已經成為天文學界數一數二的人物。國王為了讓他專心研究，在汶島上建造了意為「空中別墅」的「烏拉尼堡」天文台，此天文台成為該地區的名勝。

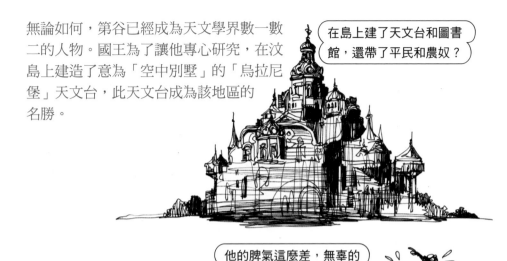

在島上建了天文台和圖書館，還帶了平民和農奴？

他的脾氣這麼差，無辜的島民應該受了很多苦吧？

他在烏拉尼堡二十多年，每天孜孜不倦地，以任何人都無法嘗試的精密單位觀測行星和星星。大量的觀測資料堆積如山。

老爺，書房空間不夠了。

那就擴建啊！

1577年，第谷發現了彗星。當時學者們都將彗星視為大氣現象。但是他經過精密觀測和分析，做出了結論。這是從遙遠的天球穿越地球和月球之間的天體運動。

第谷又提出什麼主張？你相信嗎？

他都這麼仔細觀察了，也只能相信他。

在日益出名的情況下，第谷駁斥了哥白尼的日心說，重新樹立宇宙論權威。

我要把日心說那些人的鼻子都打斷！

你為什麼這麼討厭哥白尼？

除了實力、自信心和自尊心之外，科學家的基本精神是嫉妒心。

1587年和1588年發表的論文〈新天文學入門〉中，第谷展示了科學史上最為特殊的宇宙模型。這是以地心說為基礎，做出日心說的折中方案模型。

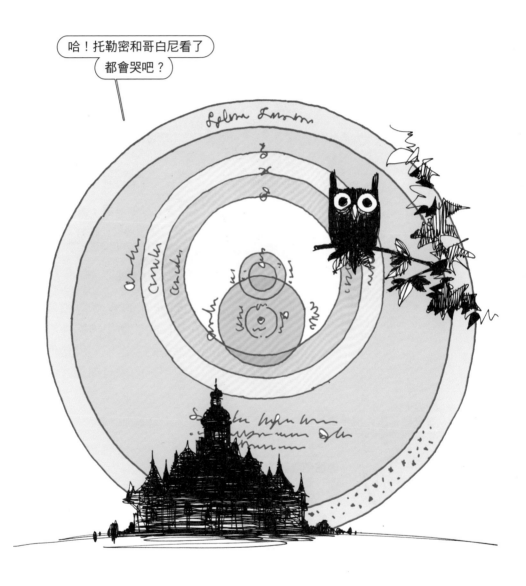

哈！托勒密和哥白尼看了都會哭吧？

他把哥白尼圍繞太陽運轉的地球重新置於中心，取而代之的是太陽帶動其他幾個行星轉動。第谷自信地認為，在地心說和哥白尼的日心說中，他解決了沒有解釋清楚的離心和周轉圓問題，但是學術界並不怎麼關注。

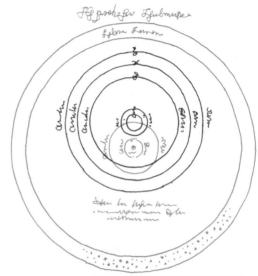

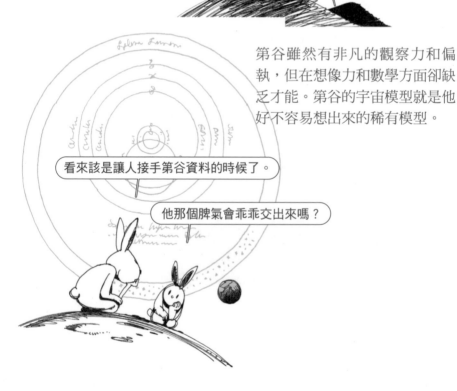

第谷雖然有非凡的觀察力和偏執，但在想像力和數學方面卻缺乏才能。第谷的宇宙模型就是他好不容易想出來的稀有模型。

第谷雖然不再受到關注，但始終如一地致力於觀測，這段期間周邊的情況也發生了變化。支持他的國王去世後，宮廷的人心也變得冷淡了。於是他不得不離開小島前往波希米亞。

天文學界在等待著能使用第谷資料的重要契機。

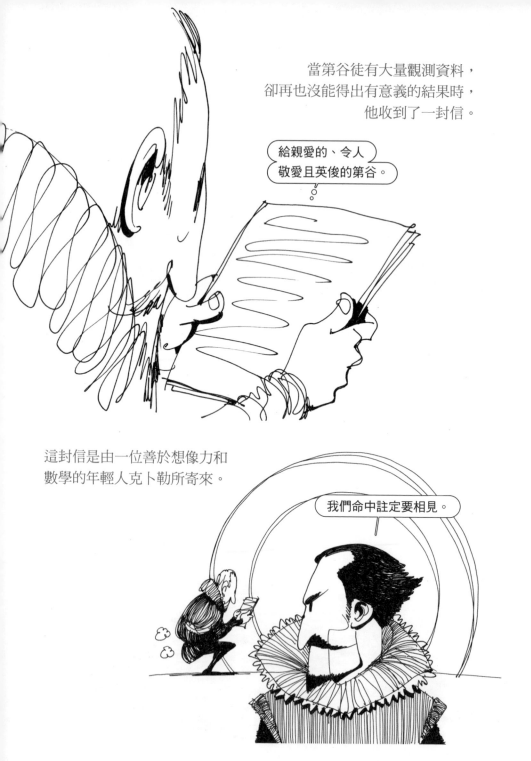

當第谷徒有大量觀測資料，
卻再也沒能得出有意義的結果時，
他收到了一封信。

這封信是由一位善於想像力和
數學的年輕人克卜勒所寄來。

05

行星的軌跡

克卜勒

約翰尼斯·克卜勒 Johannes Kepler(1571～1630)

德國天文學家。在解釋第谷留下的數據過程中，他運用自己的直覺和想像力，推斷出行星以橢圓形軌道運動，對宇宙和行星運動進行了全新的解釋。

在天體運動應該是完美的圓的大前提下，每位偉大的天文學家都虔誠地相信神的和諧與庇佑。但是克卜勒不得不做出決定，因為他從第谷那裡得到的精密觀測資料，為了符合準確無誤，行星軌道必須是橢圓的。克卜勒放棄了原本堅信的圓形法則，選擇了橢圓形軌道運動，為哥白尼激發六十多年的宇宙爭論畫上了句號。

1600年的某一天，在波希米亞發生了類似電視劇的事情。隨著一個人的命運發生變化，處於十字路口的天文學界的未來也成了定局。

什麼？？？您現在說什麼？

好話不說第二遍！

克卜勒是繼承者嗎？

這是什麼情況？

沒看過比這個更灑狗血的劇情！

我就是想這麼做……

當時神聖羅馬帝國皇室天文學家第谷在臨終之際，宣布將自己一生研究整理的天體觀測資料，全部留給克卜勒。克卜勒既不是研究室的助教，也不是第谷的助手，更像是個剛從外地來到不久的異鄉人。

第谷的觀測數據，有著無可比擬的準確度和龐大的數量，是當時每個天文學家都想要的資料。

我想要第谷的資料。

我也是。

我也想要。

不要流口水。

長期在第谷身邊工作的助教和研究員們都無法理解老師的決定，但是那一刻，第谷的精神狀態比任何時候都清醒。

克卜勒一夜之間成為繼承第谷所有成績的最佳人選，隨後被任命為皇室數學家。克卜勒兒時的回憶一一在眼前浮現，他連做夢都沒想過會成為天文學家。

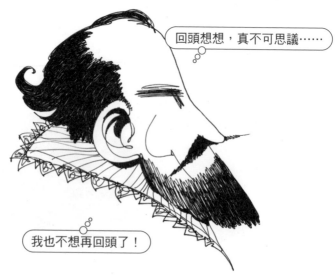

克卜勒度過了艱難的童年。他的父母沒有安慰和穩定兒子的情緒，反而讓他度過不安的童年。他的父親把錢花在做生意上，以傭兵的身分征戰沙場，最後銷聲匿跡。而他的母親是令周圍的人疲憊不堪的人物。

說到父母，就是揭自己的短處，還是別說了吧。

無論是出身、生活環境還是視力，都和第谷先生截然相反吧？

再加上他患上天花的後遺症導致視力變弱，即使想成為天文學家，也不得不早早放棄夢想。

外貌呢？

我很受女性歡迎……

這我就不知道了。

去神學院吧。我幫你寫申請書。

要我當神父或牧師嗎？

只要照著他們說的去做，就能衣食無缺。

為了擺脫難以預測未來、看不到希望的疲憊人生，他選擇的出路是成為神職人員。

衣食無缺啊……

在經歷阿德爾貝格神學院之後，克卜勒在圖賓根大學學習神學時，他很清楚知道自己的未來定位。神學院課程包括數學、物理學、天文學等，雖然被當時哥白尼的「日心說」新知識所吸引，但是想成為神職人員的心情還是沒有改變。

克卜勒，你數學這麼好，不想成為天文學家嗎？

天文學家？做那個能讓我衣食無缺嗎？

當然要自己賺錢啊。

那我不要。

但是上天似乎就是要賦予克卜勒另一個使命，命運沒有讓他走上神職人員之路。1594年最後一個學期開始，事情變得複雜起來。

校長！格拉茲發來一封公文耶？

是什麼事？

聽說數學老師去世了？

因為奧地利格拉茲地區的神學院出現了數學教師空缺，有人要求推薦合適人選，圖賓根大學積極推薦克卜勒。大學的相關人士說服了他。克卜勒成為數學老師之後，自然而然地進入了天文學界。雖然因為視力不好很難觀測天空，但是思慮清晰且學識淵博的克卜勒，以自己的直覺和想像力來解釋宇宙和行星運動。

從在圖賓根大學讀書時起，克卜勒就積極支持哥白尼的日心說，他決定先從自己好奇的問題開始解決。

為什麼行星有六個？

各個行星和太陽之間的距離有什麼規則？

不把我們算在內嗎？

你知道行星為什麼有六個嗎？

為什麼？

因為多面體有五個。

克卜勒相信，神創造的宇宙中蘊含著幾何學原理，他找到用五個正多面體來說明六個行星軌道的方法。

真無聊。

首先，最外層是相當於土星軌道的天球，天球內緊靠著正六面體，內接木星天球，裡面是正四面體，火星天球內是正十二面體，地球天球內是正二十面體，金星天球內是正八面體，水星天球內的中心是太陽。這就是克卜勒想像中的宇宙景象。

怎麼樣？很厲害吧？

為了想出這個差點要了我的命。

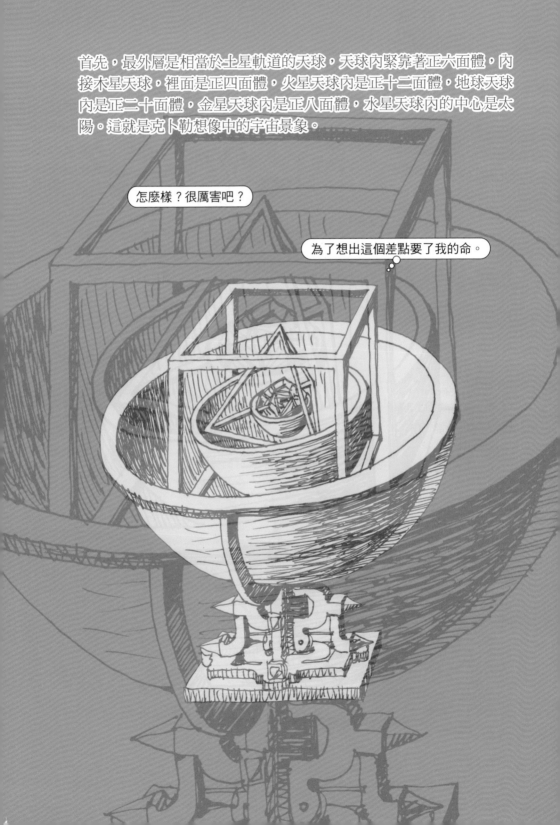

幾何學的行星運動模型雖然不是透過科學方法獲得的結果，但是克卜勒受到很大的鼓舞。

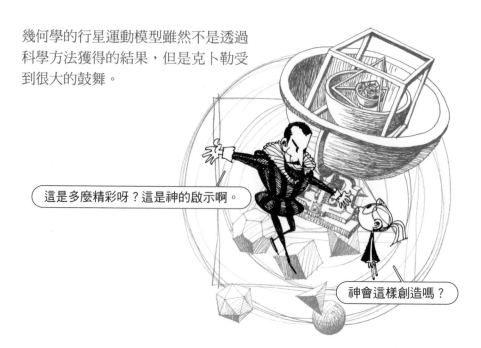

他出版了收錄該內容的《宇宙的奧秘》一書。克卜勒十分滿足，並把這本書寄給了當時著名的科學家們。當然，也送給了以卓越研究者而聞名的伽利略和第谷。

聘用這個人當助手，應該挺不錯的？

為什麼要聘用這個無名小卒？

第谷讀完此書之後，認為克卜勒是個怪異的人，但是他認可克卜勒對幾何學的洞察力和數學實力。

從根本上來說，他的數學實力比你還要好。

克卜勒老師，現在不是嘻嘻哈哈的時候！

為什麼？

新教徒們都要被趕走了。

雖然出了書之後，距離夢想也更接近。但是幾年之後，周圍的情況逐漸惡化。

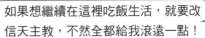

叫那些新教徒們都記清楚！

如果想繼續在這裡吃飯生活，就要改信天主教，不然全都給我滾遠一點！

1596年，格拉茨所屬的史泰利亞公國統治者斐迪南大公採取了特殊措施，他不允許任何違反自己信仰教義的宗教。他是虔誠的天主教徒，即舊教徒。然而克卜勒是新教徒。

克卜勒因為遭遇各種麻煩和痛苦，辛苦堅持了好幾年。

1599年，第谷因為與許多人不合，搬到了對自己友好的魯道夫二世的宮廷所在地布拉格。布拉格對個人的宗教沒有限制。

1600年，克卜勒終於找到了機會。透過一位欣賞他才能的貴族介紹，53歲的第谷與28歲的克卜勒在布拉格實現了歷史性的邂逅。

克卜勒在布拉格逗留期間，確認了從前只聽聞過的觀測資料。

這個就是那個嗎？

你怎麼這麼大驚小怪？

這些以前都是在島上使用的。

哇！科學果然很花錢。

親眼見到巨匠傾注一生親自製作的裝備，和壯觀的天文觀測設施，

也見識到了原本研究室助教和助手們的排外。

你要進來的話，就靜靜地呆著吧。

他們不高興嗎？

兩個人協議好尋找出意氣相投的方案後，克卜勒回到了家人所在的格拉茨，但是情況變得更糟。

你還不改信宗教嗎？

當局剝奪了克卜勒的職業和財產，下達了驅逐令。四面楚歌的他寫了封信。

請幫幫我。

第谷認為克卜勒能把原石般的觀測資料，加工並製作成寶石，所以立即回信。

克卜勒費盡千辛萬苦來到布拉格定居，並且成為助教。他表示想要看觀測資料，但是第谷只允許他閱覽部分資料，並且觀察著他的態度。渴望資料的克卜勒有一個和第谷不同的夢想。

第谷牽制著克卜勒的研究，兩人之間有股微妙的緊張感。但是，第谷突然生病了。

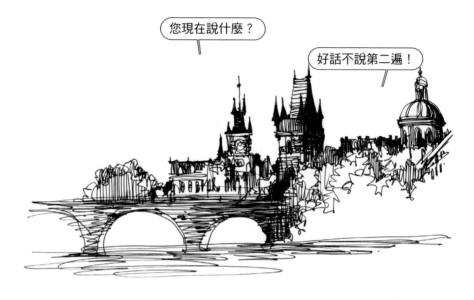

在哥白尼的科學革命以後，天文史上終於要迎接日心說的最終章。

06

轉動地球的力量

吉爾伯特

威廉·吉爾伯特 William Gilbert(1544～1603)

英國的物理學家和醫生。發現地球本身就是一塊巨大的磁鐵，觀察羅盤磁針的移動，查明了磁偏角和磁傾角現象。有「電磁學之父」之稱。

「讓地球和行星運行的力量是什麼？」當克卜勒有這種好奇心時，英國的一位內科醫生也相信日心說不僅僅是假設，而是說明天體運動的理論，並從事查明其力量真面目的研究。那位醫生的名字叫吉爾伯特。西元1600年，他根據關於磁鐵的長期實驗和研究，出版了《論磁石》一書，內容指出地球是一個巨大的磁鐵。克卜勒深深認同吉爾伯特的理論，以磁力作為行星運動定律的基礎。

雖然克卜勒得到第谷珍藏的觀測資料，但是他輕蔑地無視故人的遺志，要求將資料用於研究日心說。克卜勒的科學信念和尊敬只朝向哥白尼。

開始研究日心說吧？

喂，你要違背老師的遺志嗎！

科學何必講求道義？

等著瞧，要證明哥白尼理論，只是時間問題而已。

時間會不知不覺流逝的。

克卜勒充滿自信。他是大家公認的數學實力家，他認為只要精密計算第谷的觀測記錄，就可以萬事亨通。

日以繼夜算也算不完……

得到老師的資料就要付出代價啊？

但是克卜勒工作得並不順利。首先，第谷的資料量非常龐大，僅計算火星軌道就花費了好幾年時間。

現在不管有多少數據，只要輸入電腦，按下按鍵就能精算出結果。但是克卜勒只能用頭腦和手來計算。

如果第谷是人體望遠鏡的話，我就是人體計算機。

我就看看你能算到什麼地步！

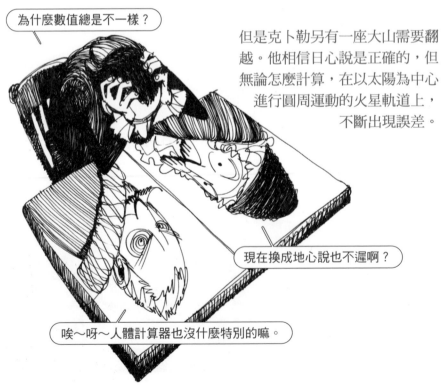

為什麼數值總是不一樣？

但是克卜勒另有一座大山需要翻越。他相信日心說是正確的，但無論怎麼計算，在以太陽為中心進行圓周運動的火星軌道上，不斷出現誤差。

現在換成地心說也不遲啊？

唉～呀～人體計算器也沒什麼特別的嘛。

最後，克卜勒不得不從另一個角度重新開始。他將圓周運動改成橢圓來應用第谷的觀測資料。

放棄圓周運動是個艱難的選擇。克卜勒跟哥白尼等天文學家一樣，堅信神的法則是以最簡單、完美的圓形表現出來的。

結果令人吃驚。將行星軌道改為橢圓形之後，將太陽定位在橢圓的兩個焦點之一，很多問題都迎刃而解。而複雜的周轉圓*和離心*相關問題也消失了。

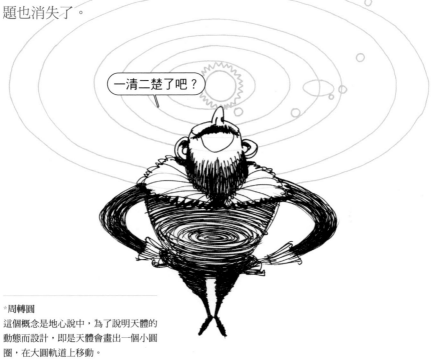

*周轉圓
這個概念是地心說中，為了說明天體的動態而設計，即是天體會畫出一個小圓圈，在大圓軌道上移動。

*離心
同樣是在地心說中，為了解釋行星軌道反向的「逆行」現象而設計的概念。支持地心說的天文學家解釋天體以地球為中心旋轉，但其公轉軌道的中心是離地球稍遠的一個離心點。

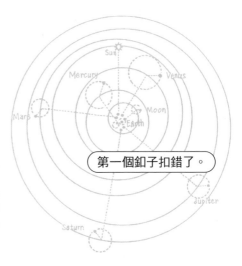

透過觀測和計算，可以進行一定程度的預測。並且也可以解釋行星接近太陽時，運行速度加快，而距離變遠時，運行速度減慢的現象。

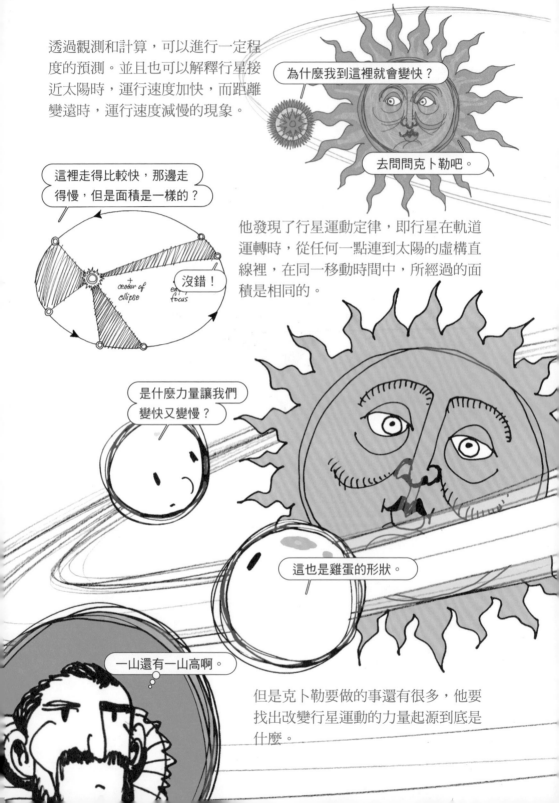

為什麼我到這裡就會變快？

去問問克卜勒吧。

這裡走得比較快，那邊走得慢，但是面積是一樣的？

center of ellipse

empty focus

沒錯！

他發現了行星運動定律，即行星在軌道運轉時，從任何一點連到太陽的虛構直線裡，在同一移動時間中，所經過的面積是相同的。

是什麼力量讓我們變快又變慢？

這也是雞蛋的形狀。

一山還有一山高啊。

但是克卜勒要做的事還有很多，他要找出改變行星運動的力量起源到底是什麼。

這不僅僅是克卜勒一個人的煩惱。在英國深受歡迎的醫生吉爾伯特也好奇地球是以什麼力量運行。吉爾伯特像克卜勒一樣尊敬哥白尼，相信日心說。所以他認為，若要將日心說確立成普遍的世界觀，首先要解決這個問題。

他認為，如果拉扯地球的力量不在外部，那就是依靠自身的力量移動。所以，他注意到會自己移動的東西，那就是指南針。

指南針不是自己會動嗎？

這是北極星在拉扯嗎？

還是北方有巨大的磁鐵山？

當時他看到人們使用指南針朝著某一方向航海，於是產生了不科學的想像。

吉爾伯特認為地球本身就是巨大的磁鐵，他為了證明假設進行了實驗。

我們站在旋轉的磁鐵上。

聽到那種話，我腦子一片空白。

吉爾伯特將磁鐵直接削成球形，製成地球模型磁鐵並命名。然後在上面放了一個小羅盤，一邊變換位置，一邊觀察指南針如何移動。

來！這是我做的，名字叫「特雷拉」，意為小地球的拉丁語。

你對這個比對病人還更用心呢。

Terrella

吉爾伯特得到了滿意的結果。出現了磁偏角和磁傾角現象。

經過足足17年的實驗，吉爾伯特充滿信心，在1600年出版了《論磁石》一書。

當吉爾伯特的理論出來之時，並沒有人贊同。不過，《論磁石》對伽利略和克卜勒等科學家們產生了很大的影響。

特別是克卜勒聽到吉爾伯特的實驗之後，立刻產生了共鳴。

蘊含了兩種定律的書《新天文學》於1609年出版。

怎麼樣？很棒吧？

克卜勒第一定律：所有行星都以太陽為中心按照橢圓形運動。
克卜勒第二定律：連接太陽和行星的直線在同一時間掃過的面積總是相同的。

不管它棒不棒，我都選擇無視⋯⋯

在亞里斯多德的宇宙觀中，圓的觀念和等速不變的原理，在克卜勒的近代天文學中都已消失。

大哥，您在宇宙裡已經沒有立足之地了。

不管是你和我，都拿不到諾貝爾獎。

克卜勒發表《新天文學》後，經歷了妻子和兒子的死亡，從布拉格移居到林茲等多災多難的事情。但是他在那期間仍堅持研究，並於1619年出版了《世界的和諧》。這本書收錄了克卜勒第三定律。

行星繞太陽軌道一周所需時間的平方，與太陽和行星之間的平均距離立方成正比。

1617年至1621年，克卜勒發表了說明哥白尼理論的《哥白尼天文學概要》。1627年，他完成了行星軌道準確觀測表的《魯道夫星表》的印製，並將其獻給當時的神聖羅馬帝國皇帝斐迪南二世。該目錄名稱取自曾任皇帝魯道夫二世，當初就是他將克卜勒和第谷延攬至宮廷。

克卜勒完成日心說，鞏固了近代天文學的地基，於1630年在德國雷根斯堡結束生命。

07

用望遠鏡發現地球自轉的證據

伽利略 1

伽利略・伽利萊 Galileo Galilei(1564～1642)

義大利天文學家、物理學家和數學家。他支持哥白尼的日心說,藉由望遠鏡觀測收集了大量證據,並提出了慣性的概念。

每次提到伽利略時，都會出現兩件軼事。一個是「但是，地球依然在轉啊」，另一個是「比薩斜塔」上的自由落體實驗。雖然兩者都無法明確地證實真偽，但當今科學界仍舊對他的天文學和物理學領域的成績表示尊敬和讚賞。伽利略證明了哥白尼的日心說，在運動力學方面，他是幫助牛頓登上頂峰的最大巨人。

可惡，怎麼有這種妖言惑眾的書？

1633年，教廷將市面上的一本書指定為非常危險的禁書。

全部回收！

花錢買書的人應該會不開心吧？

全部沒收！

持有書籍的人應立即向居住地宗教裁判官申報並返還。

你犯了大罪！

我不懂我有什麼罪？

教廷對寫書的作者也進行了嚴厲的懲罰。

罰你終身關在家裡面！

這本禁書是1632年出版了一千冊的《關於托勒密和哥白尼兩大世界體系的對話》，作者是知名的科學家伽利略。

禁書令一頒發，人們反而更熱中於尋找該書，導致缺貨現象發生，書價翻了好幾倍。

伽利略當時支持違反天主教觀點的哥白尼日心說，但更嚴重的是，他違背以前的承諾，犯下了愚弄教宗的滔天大罪。

7年前你不是發誓了嗎？再也不這樣了！你不是發誓了嗎？嗯？

而且我勸過你要平衡報導吧？

但是你公然支持日心說？那我該做什麼？

1616年伽利略曾經發誓不會發表支持日心說的言論。

你還要胡說地球會轉動嗎？還會說嗎？

這不是胡言亂語，而是對宇宙科學的偉大想像力，像強烈的慾望昇華迸發出來的結果。不過，你叫我不要說，我就不會說。

但是伽利略在尋找能夠證明日心說的機會，當與他關係不錯的樞機主教巴爾貝里尼作為烏爾班八世登基教宗後，他認為就是這個時機，於是煽動了教宗。但是，當這本書出版後，教宗看穿伽利略巧妙地嘲笑著地心說及教會的立場，因而大發雷霆。

> 我想要寫一本分析地心說和日心說的書。
> 為什麼？
> 像我這樣頭腦聰明、手腕又好的人，想在歷史上留下名字。
> 那你要公正客觀地寫，不讓人有二話。
> 是!!

事實上，關於地球運轉與否的爭論並非一朝一夕的事情。1543年，哥白尼已經發表了日心說，克卜勒甚至主張地球和行星以橢圓軌道運轉，但是教廷唯獨對伽利略進行了嚴厲的處罰。

> 把他關在家裡，別讓他出來。
> 請告訴我，為什麼只對我這樣？
> 因為你太惹人厭了。
> 為什麼？
> 你個性太差了。

伽利略在1616年受到教廷的警告之前，就一直與天主教會對立，受到人們的厭惡。但是讓教會特別關注他的理由，是因為他所提出的日心說證據，比過去更加確鑿和具有實證性。

是啊，我做錯了。從現在開始會自我反省。都是因為我能力太好了才會如此。能怪誰呢？只能怪我太聰明。

快點把他關起來！

我聽說了荷蘭人發明的望遠鏡的故事。

雖然別人都花錢買望遠鏡，但我想自己親手製作。

所以我製作了8倍、20倍和30倍率。

我真的是太聰明了。

伽利略都是透過望遠鏡收集證據。1609年，他在擔任義大利帕多瓦大學的數學教授時，親自製作了性能良好的望遠鏡。

喔喔！看得好～～～～～清楚啊!!!!

當遠處的事物能夠拉近距離觀察，作為新事物出現時，人們會觀察什麼呢？

要觀察敵人。

要觀察鳥才對。

我的是天文望遠鏡!!

月球、月球、明亮的月球。

那個是月球嗎？

伽利略將望遠鏡的方向轉向星星和月球所在的天空，首先從月亮開始觀察。亞里斯多德的宇宙觀表示，月球相當於天上界和地上界的邊界，人們把月球想像成完美的圓。

但是伽利略用望遠鏡看到的月球表面凹凸不平。

那裡好像有山、溪谷和火山口之類的東西。

老師，你在說什麼奇怪的話……
月球是完美無瑕的天體啊。

月球由四元素構成，就像地球表面一樣不完整。雖然這並不能成為日心說的證據，但是伽利略親眼確認了亞里斯多德─托勒密宇宙觀的錯誤。

伽利略畫下1609年11月30日到12月18日，用望遠鏡觀察到的月亮。

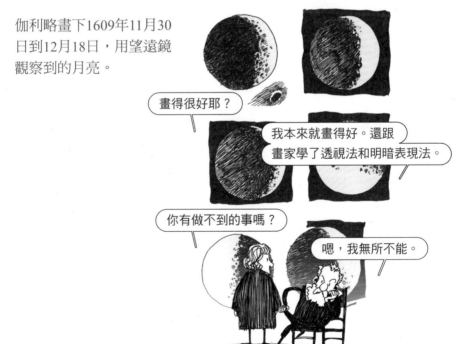

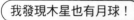
我發現木星也有月球！

而且有四個。

亞里斯多德大哥說錯了！

自以為了不起的人，在不久之後都會出大事的。

伽利略還觀察了木星。1610年1月，他在木星周圍發現星系動態，並留下了記錄。它們不是地心說中所說，屬於天球的恆星，而是圍繞木星旋轉的四顆衛星。

他進一步開闊了望遠鏡的視野，觀察天上的無數顆星星，並且與肉眼觀看時做比較。

像水星和金星這樣的行星，從望遠鏡來看，大小看起來更清晰一些，而恆星則是沒有什麼差別。

所以呢？

而且還有很多肉眼看不見的星星。

所以又怎樣？

宇宙比想像中更大。也許是無限大。

憑什麼說那些遙遠的星星一天能轉一圈？地球顯然不是宇宙的中心啊！

你的發言越來越危險了。

他得出的結論是，與地球相隔一定距離的星星，就像夜光貼紙一般圍繞著地球，以及天球是進行圓周運動的地心說完全是錯誤的。

用望遠鏡看到的事物都可以證明，
亞里斯多德和托勒密是錯的，
哥白尼才是正確的。

我再也無法忍受你了。

除此之外，他還觀察到金星像月球一樣有相位變化，以及觀察到太陽的黑子。伽利略正面反駁了傳統的宇宙觀，開始得罪了教會。

書名是《星際信使》，
是有關星星世界的資訊。

然而，1610年伽利略毫不猶豫地發表了一份報告，其中記載了他自己觀察和記錄的所有證據。

你還是出書了。

這本書引起了巨大的回響，伽利略的名聲也直線上升。

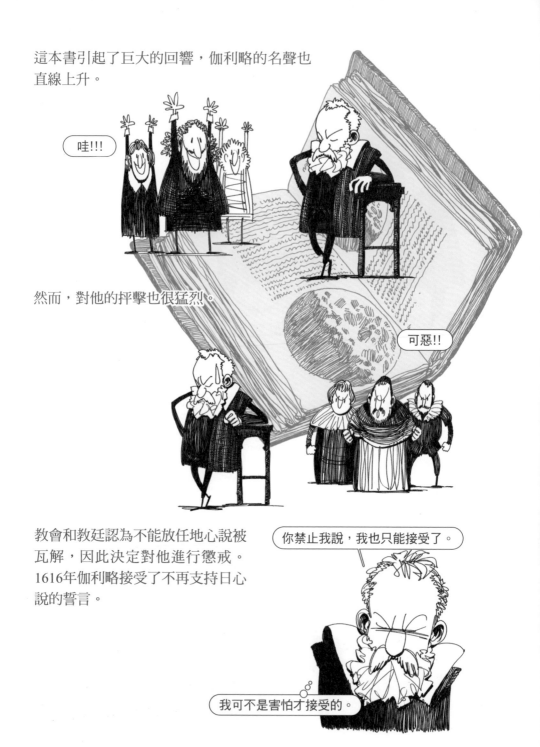

然而，對他的抨擊也很猛烈。

教會和教廷認為不能放任地心說被瓦解，因此決定對他進行懲戒。1616年伽利略接受了不再支持日心說的誓言。

但是伽利略在1632年打破誓言，再次出版《關於托勒密和哥白尼兩大世界體系的對話》，最終在1633年被軟禁在家。

根據流傳的軼事，伽利略直到最後一刻仍不放棄信念，嘴裡唸唸有詞地說著「但是，地球依然在轉啊。」雖然無法證明此事是否為真，但是他透過觀察，有效地證明了日心說，並架起通往近代天文學的橋樑。

羅馬天主教會給伽利略扣上帽子，使其不光彩，直到他去世350年後的1992年才正式承認錯誤，並向伽利略道歉。但是，在教會道歉之前，世界就知道伽利略是正確的。

08

世界運動的法則

伽利略 2

伽利略試圖尋找行星和星系的運行規律，以及適用於我們生活的土地上，所有物質普遍的運動法則。伽利略的自由落體和慣性的創新實驗，是近代物理學的基礎。

兩個不同重量的物體，同時墜落
的話，哪一個會先到達地面呢？

在從科學得到啟發之前，一般人按照常識，
都認為沉重的物體會墜落得更快。

雖然有傳言說，伽利略從比薩斜塔頂端扔下
球體做實驗，但是這種方式很難準確觀察自
由落體的速度。

伽利略用誰也無法想像的獨特
方法，進行了自由落體實驗。
他在傾斜的斜面上挖了一個圓
滑的槽，讓球體在上面滾動。

當坡度越陡，越接近垂直墜落。因此藉由緩慢坡度的實驗，推論自由
落體的速度和距離更為妥當。

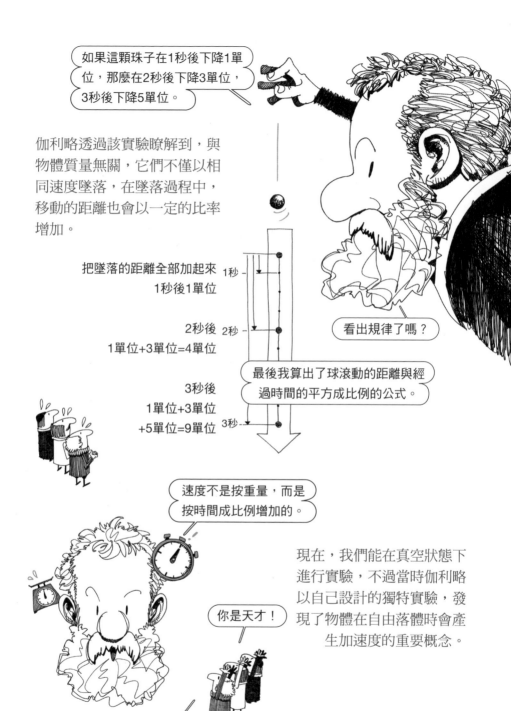

如果這顆珠子在1秒後下降1單位，那麼在2秒後下降3單位，3秒後下降5單位。

伽利略透過該實驗瞭解到，與物體質量無關，它們不僅以相同速度墜落，在墜落過程中，移動的距離也會以一定的比率增加。

把墜落的距離全部加起來
1秒後1單位

2秒後
1單位+3單位=4單位

3秒後
1單位+3單位
+5單位=9單位

1秒

2秒

3秒

看出規律了嗎？

最後我算出了球滾動的距離與經過時間的平方成比例的公式。

速度不是按重量，而是按時間成比例增加的。

你是天才！

我愛你！

現在，我們能在真空狀態下進行實驗，不過當時伽利略以自己設計的獨特實驗，發現了物體在自由落體時會產生加速度的重要概念。

伽利略用這種方式，逐一推翻了一千多年來，被視為常識的亞里斯多德世界觀。

亞里斯多德把自然運動分為三種。

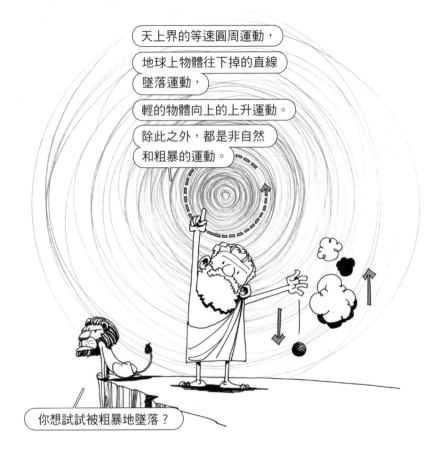

另外，亞里斯多德表示，物體在進行非自然運動的過程中需要力量，這種力量必須處於接觸物體的狀態。

箭會往前飛是因為空氣的力量在不停地推動著箭。

那如果力量不夠，箭會突然掉下來嗎？

對！

那真空狀態下會有運動嗎？

真空？沒有這種狀態！

但是，伽利略發現炮彈和箭矢發射時，同時受到發射時施加的力量，以及面向地球中心的自然力量（重力）的影響。

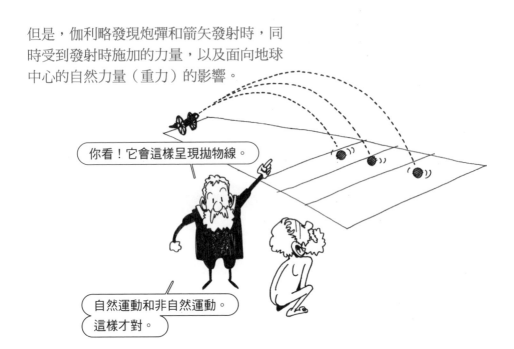

他更進一步發現，所有物體都具有維持狀態的屬性，於是提出了慣性的概念。

伽利略導出慣性概念的實驗也非常
獨特。他讓兩個斜面相對，把球在
上面滾。

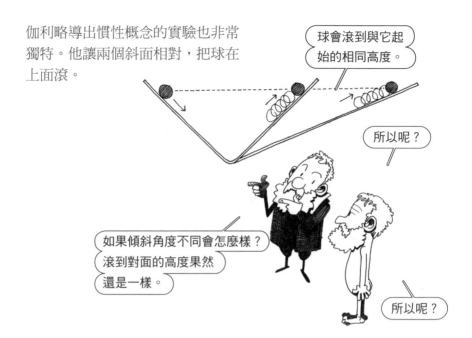

如果拿掉對面的斜面，改為平面會如何呢？

在伽利略看來，慣性和重力是可以解釋地球上所有物體運動的概念。
後來牛頓將它用於宇宙中所有的運動。

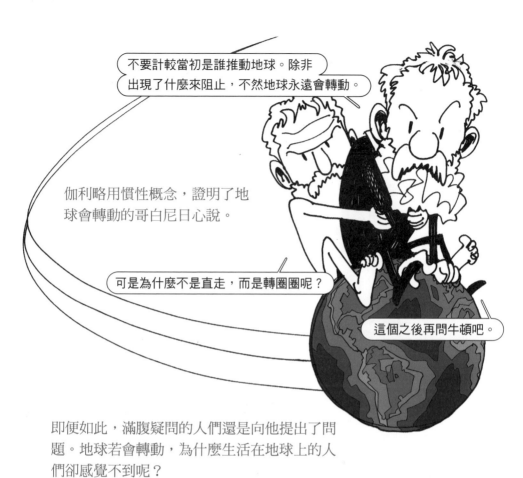

不要計較當初是誰推動地球。除非出現了什麼來阻止，不然地球永遠會轉動。

伽利略用慣性概念，證明了地球會轉動的哥白尼日心說。

可是為什麼不是直走，而是轉圈圈呢？

這個之後再問牛頓吧。

即便如此，滿腹疑問的人們還是向他提出了問題。地球若會轉動，為什麼生活在地球上的人們卻感覺不到呢？

會頭暈嗎？

不會。

我覺得有點暈。

你是喝醉了吧。

伽利略用運動的相對性來回答這個問題。

「如果地球會運動,那麼垂直拋起的球,為什麼不會落在與地球移動相同的距離上?」對於這個問題,伽利略以同樣的方式進行了說明。

而且，潮汐現象也說明了慣性和運動的相對性。

他認為，地球在自轉的同時也在
公轉，所以公轉和自轉方向相同
和相反的時候，就會出現運動的
相對性。

潮汐現象之所以會出現，是因為地球和月球之間的萬有引力。

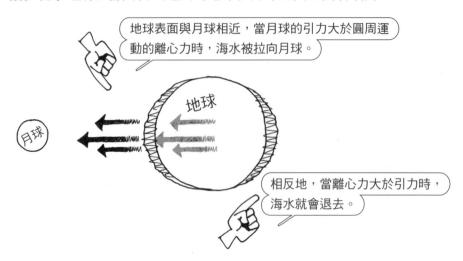

地球表面與月球相近，當月球的引力大於圓周運動的離心力時，海水被拉向月球。

相反地，當離心力大於引力時，海水就會退去。

伽利略把海水當作是地球所承載的貨物。

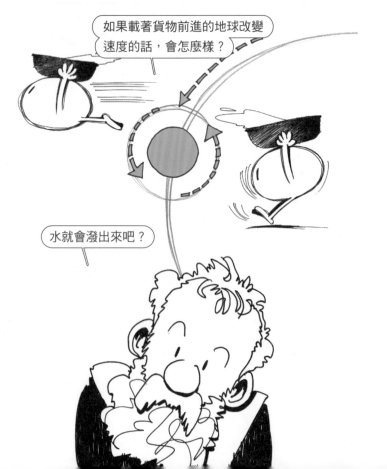

如果載著貨物前進的地球改變速度的話，會怎麼樣？

水就會潑出來吧？

這些研究成果雖然收錄在1632年出版的《關於托勒密和哥白尼兩大世界體系的對話》中，但是天主教教會和教廷以書的內容有害為由，將其指定為禁書，並且將伽利略軟禁在家。

他在軟禁中，依舊堅持不懈地進行了實驗和研究，於1638年發表了最後一本書《關於兩門新科學的對話》，記錄有關慣性和運動的實驗結果。

伽利略雖然沒有很認真地探討重力，加速度也僅侷限於自由落體運動，但是在沒有專門研究運動力學的科學過渡時期，他是第一位透過實驗奠定了物理學基礎的人。1642年伽利略離開人世，而牛頓出生了。

!

掰掰啦。

再見!!!!

當下一世代出現的牛頓，樹立起偉大的知識之塔後，他說自己過去只是站在偉大巨人的肩膀上。其中最踏實、最偉大的巨人，一定是伽利略。

不然會是誰？

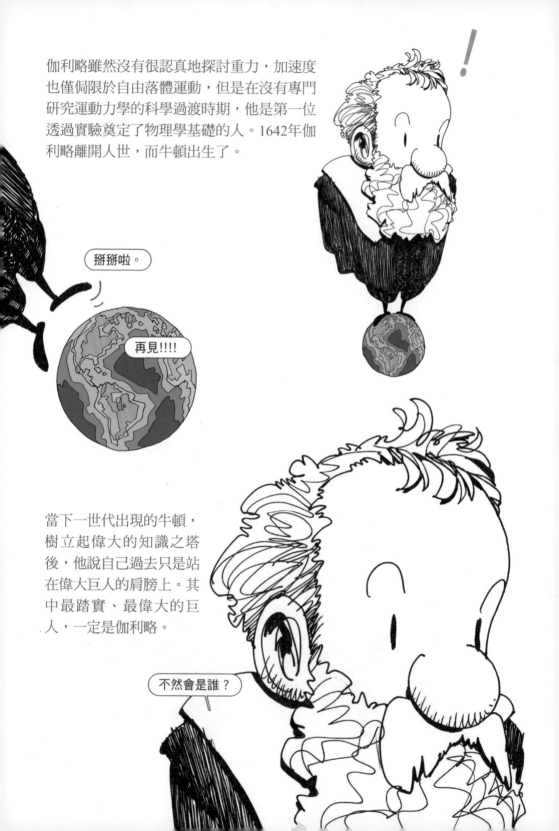

09

實驗很成功

培根

法蘭西斯・培根 Francis Bacon(1561～1626)

英國哲學家和政治家。在近代利用邏輯與推論產生的科學問題中,他提出應該透過理性的觀察和實驗的歸納法,作為新的研究方法的基礎。

在哥白尼、克卜勒、伽利略等先驅們展開新發現和主張之後，歐洲的學問仍然依賴於亞里斯多德的知識體系。培根提出建構科學的新框架，並且野心勃勃地計畫實現學問的偉大復興。

英國的伊莉莎白一世和詹姆斯一世在位時期，既是法律家又是政治家的培根，在科學史中，也是被重點描寫的人物。

我，曾任大法官，還擔任過保管國璽的掌璽大臣。

你是科學家嗎？

是啊。

你知道克卜勒定律嗎？

我，主張日心說。

但是他從未像哥白尼一樣發表過關於天體的新知識，也沒有像克卜勒和伽利略那樣發現有意義的法則。

您是做什麼的？

這個嘛……

儘管如此，培根能夠留名在科學史上，是因為他向知識世界提出新的科學方法。

那就是實驗和觀察。

今天當我們想要辨別任何理論或主張的真偽時，無論誰說什麼，我們最可靠的依據都是科學知識。

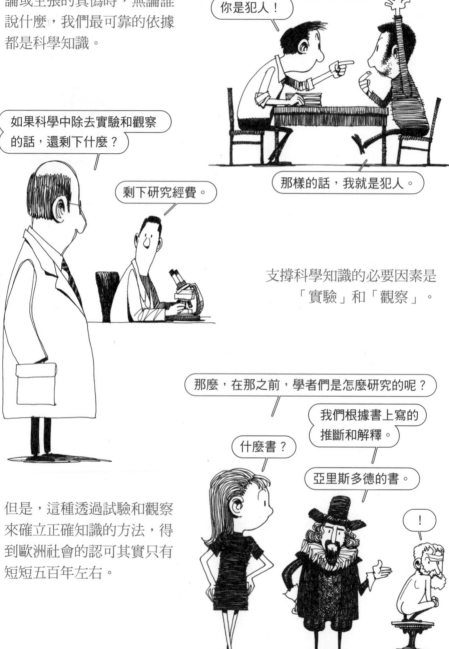

科學搜查研究所的證據表明你是犯人！

那樣的話，我就是犯人。

如果科學中除去實驗和觀察的話，還剩下什麼？

剩下研究經費。

支撐科學知識的必要因素是「實驗」和「觀察」。

那麼，在那之前，學者們是怎麼研究的呢？

我們根據書上寫的推斷和解釋。

什麼書？

亞里斯多德的書。

！

但是，這種透過試驗和觀察來確立正確知識的方法，得到歐洲社會的認可其實只有短短五百年左右。

其實，從很久以前開始，煉金術和機械領域就進行了各種實驗，但是沒有獲得大學制度的知識社會認可。

老師，聽說隔壁村有人把尿曬乾後發現了磷。

你不看書，淨說那種骯髒話？

直到文藝復興時期和近代科學的萌芽期為止，包括自然哲學在內的所有知識活動中，被尊重的方法只有邏輯和推論。這是用普遍的原理或常識論證個別知識的方法。

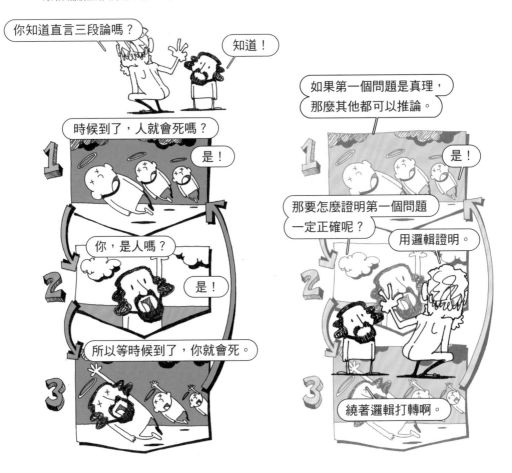

你知道直言三段論嗎？

知道！

1 時候到了，人就會死嗎？
是！

2 你，是人嗎？
是！

3 所以等時候到了，你就會死。

如果第一個問題是真理，那麼其他都可以推論。

1 是！

那要怎麼證明第一個問題一定正確呢？
用邏輯證明。

2

3 繞著邏輯打轉啊。

自古，自然哲學家就根據邏輯提出主張，反駁反對意見，並以立足於邏輯的演繹體系構築了世界觀。他們認為，與其關注從經驗中收集的事實，不如推論事物和現象的原因，並將其視為正確的學問態度。

看！人類生活的地球是宇宙的中心對吧？

火星不是地球吧？

所以火星也是圍繞著地球運轉的。

哇，他說得這麼有邏輯，誰會懷疑地球不是宇宙的中心呢？

只要找出一個確實的根本，就萬事亨通了。

沒錯！

說得沒錯！

依我看，亞里斯多德世界觀最適合。

當然！

Thomas Aquinas

這種傳統延續到中世紀。因為偉大的神學教父阿奎那為了確立基督教教義的基本，採納了亞里斯多德的世界觀。

自然哲學作為神學奴僕的服務期間，亞里斯多德體系是支配所有學問領域的紀律，但培根對此非常不滿。

向萬學之父敬禮！

那是阻礙人類智慧發展的絆腳石。

新知識不該受到權威的束縛。

居然說這麼嚴重的話……

他認為科學知識要想實質性地改善人類的生活，就不應該沿襲傳統習慣或偏見的錯誤。他在1620年撰寫的《新工具》一書中，警告了阻礙智慧發展的四種偶像。

由知識和理性的界限引起的人類固有偏見

種族偶像

人與人之間語言溝通產生的問題

市場偶像

洞穴偶像

劇場偶像

個人主觀和成見

錯誤的學問造成權威和論證的謬誤

世上的一切事物，都應該被觀察、被實驗然後記錄下來。

培根認為，應該積極收集現實中發生的各種經驗，並且用這種方法進行實驗和觀察，不要讓自然哲學停留在偶像的弊端上。

你要做什麼？

是不是要建資料庫呢？

若想分析物質特性，並找出其慣性，學者們必須用魔法師們使用的實驗工具和技術。

要學者使用工具？

這是魔法師和機械工匠們一直採用的方法。

培根建議像吉爾伯特進行磁鐵實驗，像維薩留斯（Andreas Vesaliu）解剖人體，並取得新的科學成果一樣，將實驗和觀察正式化為必修課程。

我實驗後發現，地球是磁鐵！

你會發現有很多東西可以觀察。

讓我們把躲在暗處進行的魔法，和受到輕視的匠人技術合法化吧！

這是個野心勃勃的計畫，要從根本上推翻亞里斯多德體系，構建出學問的新框架。培根在《新工具》中還指出了現存邏輯學的基礎──演繹法的侷限性。

直言三段論？真可笑！

光是學習能做什麼？若想把知識化為力量，就要改變挖掘知識的方法。

如果從大前提衍生出來的個別案例中，發現一個錯誤該怎麼辦？

論證本身完全不會動搖嗎？

只要在腦袋中思考，就算是學問嗎？

你可真會講。

你有看過這種不認真做學問的人嗎？

培根主張以歸納法作為新自然科學研究方法的基礎。

今日我們透過綜合實驗和觀察獲得的資訊，達到普遍性的科學知識，此基礎就來自他的計畫。

真擔心你的人生光是做驗證，沒有下結論的一天。

我就看看你做不做得到。

哼！

同時，為了不讓研究過於獨斷專行，他建議應該讓更多人一起合作參與驗證，成立科學團體。

就像是科學研究機構。當然，如果國家能全力支持就更好了。

一群自以為是的人聚在一起，是想把你擠掉吧。

培根在小說《新亞特蘭提斯》中闡明了這個理想。在小說中，科學家們一起聚集在「所羅門之家」進行實驗及研究活動，這裡同時也是國家的中心。

殿下，這是實現科學偉大復興的劃時代創意。

您像所羅門一樣賢明，您會聽我說吧。

我聽不懂，所以無視你。

James I

雖然這個夢想在他生前未能實現，但後來創辦英國「皇家學會」的科學家們都認同此理想，他們繼承了培根的精神。

誰是我們的榜樣？

培根大哥！

最好吃的是什麼？

培根！

作為一名政治家，培根曾因道德和貪腐問題而飽受詬病。但在科學歷史上，他試圖復興新時代所要求的學問，也是最早設計出歸納性研究方法論的人。

在某一個寒冷的日子，培根在將白雪塞進雞肚子的實驗時，因感染風寒導致併發症而失去了生命。

臨死前，培根留下了最後的紙條。

10

恢復自信心計畫

笛卡兒

勒內・笛卡兒 René Descartes(1596～1650)

法國著名哲學家、物理學家、數學家。他想尋找成為多種理論母體的學問第一原則。被譽為「近代哲學之父」，創立了解析幾何學。

「我思，故我在。」

這句在哲學史上最著名的一句話，在科學史上也具有重要意義。因為留下這句話的笛卡爾，以科學的名義理解並探索世界運轉的原理，為近代自然哲學奠定了基礎。

最近大家都認為哲學和科學是兩碼事。但是以前沒有科學和哲學的區分。科學不是單獨的學問，而是以自然哲學的形式，包含在哲學的知識體系中。

我們和只會抓住浮雲的哲學家們有顯著的不同。

誰會想知道浮雲是由什麼物質構成的？能飄多快？朝哪個方向飄去？

你長大後要做什麼？

哲學家。

只要不是勞動身體、流汗的工作，你都可以吧？

探究世上的道理，才符合我的本性。

你在找藉口吧……

雖然也有學者們研究醫學和天文學等特定領域，但都是在自然哲學的範圍內進行的研究。

我們與文學及藝術無關，只看著變光星計算恆星視差，那我們的身分是什麼呢？

在19世紀有人叫這作Scientist之前，我們就先埋在哲學家裡面吧。

17世紀哲學家笛卡兒留下的「我思，故我在。」這句話，在科學上具有重要意義。意思是說，人類透過理性，能夠喚醒自然的道理。

這在哲學上是什麼意思？

簡單地說，獲得主體資格的人，他的思維可以明確地證明是從神那裡獨立出來的理性存在。

什麼？

進而延伸到實體面的話，即所有事物都是可被理性分析的對象。

COGITO ERGO SUM

你是故意說些難懂的話吧？

最終，人類具備了分析和判斷世界的學問，
意即科學的資格。

當時自然哲學最需要的是自信。為什麼呢？
這都是因為對知識社會的懷疑。

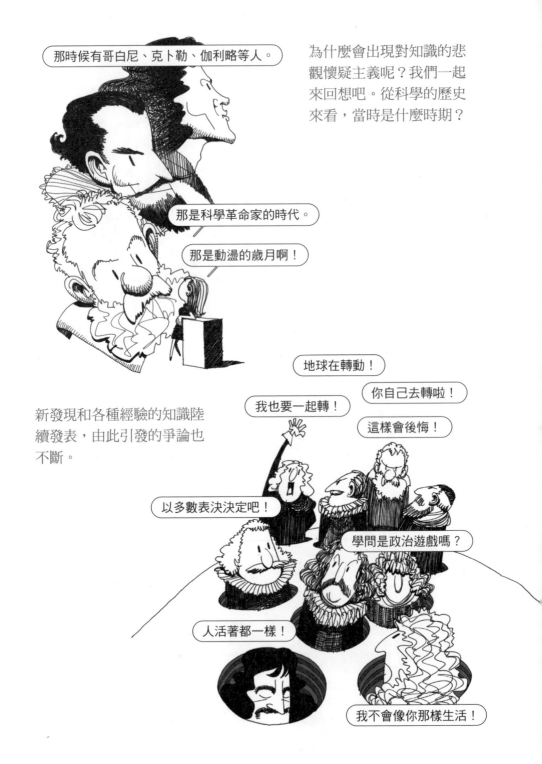

為什麼會出現對知識的悲觀懷疑主義呢？我們一起來回想吧。從科學的歷史來看，當時是什麼時期？

新發現和各種經驗的知識陸續發表，由此引發的爭論也不斷。

雖然有很多主張，但每個主張的證據都不足以說服所有人。

地球是宇宙的中心，這只是宗教迷信！地球也跟其他行星一樣。

地球是用什麼力量在轉？

是慣性或重力？也有可能是磁力。

為何會出現那些力量？

這個嘛，那是神秘的力量。

不是叫你不要迷信嗎？

就是說啊。

在這樣的情況下，無論是固守現有知識的一方，還是擁護新知識的一方，共同感受到的是對兩千多年來一直信任的世界觀崩潰的失落感。而且對人類的智力產生了根本性的懷疑。

雖然堅持地球不會轉動，但能堅持到什麼時候？

這麼多年了，我們到底該相信什麼？

只相信曾祖父那一輩的話。

地球好像在轉動，但能知道它用什麼力量在旋轉嗎？

我們能知道明確的真理嗎？

我們的曾孫子輩應該會更清楚吧。

為了克服廣為流傳的懷疑主義，需要確實地證明每一個知識。

當然也有人提議，像培根一樣積累多樣的實驗和觀察經驗，達到真正的知識。但是笛卡兒為了樹立真理而採用了不同的方法。

以培根為首的實驗主義者，排除了事物和運動原因等根源知識。笛卡兒與他們不同，他想要尋找出足以成為多種理論之母的知識第一原則。

學者們只想擺擺架子，應該是要建立根本才對。

不要浪費時間在想像根本原理，而是要歸納性地挑選看得見的訊息來推論。

你還挺懂的嘛。

但是，這並不意味笛卡兒擁護亞里斯多德的世界觀。他是哥白尼主義者，是想要打破神學支配的學問秩序的新知識分子。

這只是用來守護知識的方法，用此來建設近代學問。

幹得好。

笛卡兒首先懷疑了一切。他懷疑學校裡學的東西，書本上的知識，從經驗中得到的所有個別知識，甚至懷疑大家公認的數學公式。

不要依賴權威。

感覺因人而異，變化無常。不要相信。

不要相信數學上的推論。

到底為什麼要這樣？

他稱自己為獲取真知而產生的懷疑是「方法上的懷疑」，在反覆懷疑之後，終於找到一個明確的疑點。基於正確使用理性的結論，笛卡兒獲得了人類理性可以成為探索世界的主角的信心，並將它定為哲學的第一原則。

像這樣把不可靠的東西都抹去，就只剩下值得信賴的東西了。

儘管再怎麼懷疑所有的事，但「我在思考」這個事實不是顯而易見的嗎？

此外，思考這件事的主體就是我，也是毫無疑問的。

你在說什麼？

就是以清醒的頭腦做出正確的判斷！

笛卡兒在此基礎上，
重新建立嚴格的體系和方法。

我思，故我在。

從現在開始要重新開始。

好！創造知識的新方法如下。

第一，
徹底地懷疑之後，只把可以明證的事
實作為研究對象。

第二，
將發現的事實分成幾大塊。

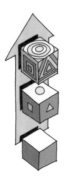

第三，
確定順序後，從最簡單的開始向複雜
的知識前進。

根據萬物是廣延實體的事實，笛卡兒進行了有關物質和運動的研究。這樣的研究結果，為牛頓建立慣性定律提供了線索。

如果沒有外部的影響，事物就會保持靜止狀態或移動狀態。

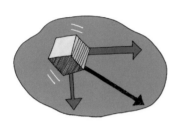

當某一物體與其他物體發生碰撞時，必然有一個物體會停止運動，並將運動加諸在其他物體上。

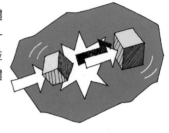

所有事物都是以直線方向運動。

笛卡兒認為，太陽系的行星也是根據慣性進行直線運動。

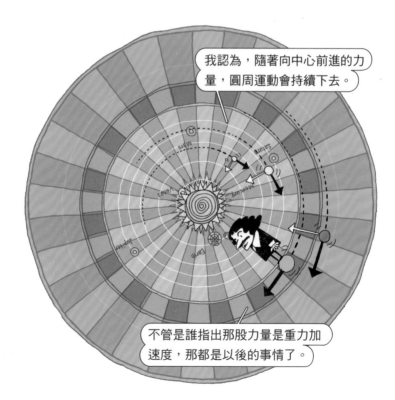

我認為，隨著向中心前進的力量，圓周運動會持續下去。

不管是誰指出那股力量是重力加速度，那都是以後的事情了。

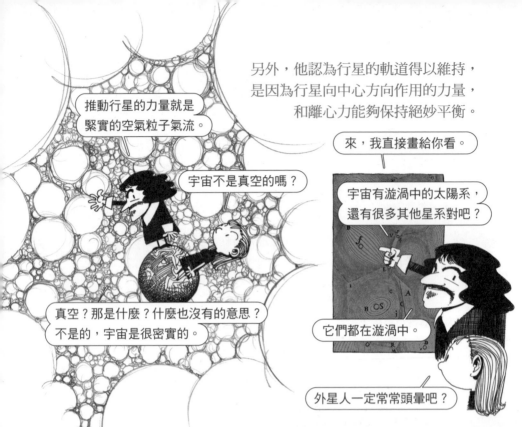

另外，他認為行星的軌道得以維持，
是因為行星向中心方向作用的力量，
和離心力能夠保持絕妙平衡。

推動行星的力量就是
緊實的空氣粒子氣流。

宇宙不是真空的嗎？

真空？那是什麼？什麼也沒有的意思？
不是的，宇宙是很密實的。

來，我直接畫給你看。

宇宙有漩渦中的太陽系，
還有很多其他星系對吧？

它們都在漩渦中。

外星人一定常常頭暈吧？

笛卡兒認為，所有非人類思想的
外在世界都會延展，並以此前提
否定了真空，提出了太陽系和天
體的形態是漩渦的概念。以漩渦
來說明天體運動相當別樹一幟。
當外部的流向在邊界產生衝突
時，會因為離心力產生往中心方
向的流向。

這裡和這裡發生衝突之後，
會再流回去。

這是重力嗎？

何必一定要命名呢？
它只是往返一樣的路而已。

笛卡兒奠定了慣性理論基礎，建立物質和運動相關體系，並且在數學領域也留下了成績。

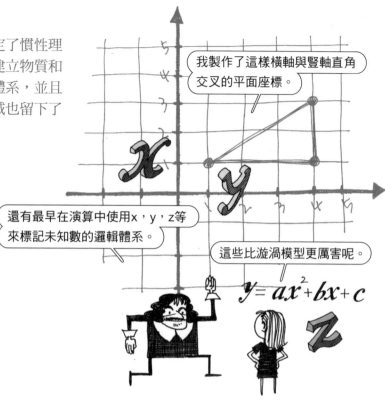

我製作了這樣橫軸與豎軸直角交叉的平面座標。

還有最早在演算中使用x，y，z等來標記未知數的邏輯體系。

這些比漩渦模型更厲害呢。

$$y = ax^2 + bx + c$$

除了人的靈魂以外，其餘的都是機器。

他對所有物質進行定量解釋，他認為動植物和人的身體也是精巧的機器，這種機械論對生物學也產生了影響。

是二分法嗎？

不是最好就是最壞啊。

笛卡兒的機械論，不僅提出了人類積極
開拓自然的方法，而且成為了提出理性
思維的近代精神的基礎。

這些都是我的論點。

雖然關於真空和力量的原理，沒有徹底地試驗和驗證，有太過強調理
性的一面。但是笛卡兒想要打造真理體系，他的想法和方法論恢復了
自然哲學的自信，成為建立近代科學的基石。

笛卡兒先生，你太輕視我們了。
我們也有自尊心。

那是錯覺，因為只有人類
才會有自尊心。

那我們為什麼會
向你抗議呢？

早安！笛卡兒。

因為這是漫畫。

11

多才多藝的上班族科學家
虎克

羅伯特‧虎克 Robert Hooke(1635～1703)

英國化學家、物理學家、天文學家。設計了顯微鏡的照明裝置，使其能更詳細地觀察。說明光的干擾和分散，使波動說發達。首先使用「細胞（cell）」一詞。

研究空氣的彈性，用顯微鏡觀察細胞壁，發現木星紅斑點，

提出光波動說，提出重力的平方反比定律，發現彈性的基本

定律，研究化石，擔任皇家學會會長……

這一切都是虎克一個人的經歷。

虎克非常多才多藝，可稱得上是英國的達文西（Leonardo da Vinci）。

因為想法出眾，又善於做各種實驗，當代很多科學家寫論文，幫助他獲得學位。但是他的創造力和熱情卻始終與生計息息相關。

虎克無論是擔任波以耳（Robert Boyle）的研究所助手，或是擔任皇家學會的實驗負責人，還是成為格雷沙姆學院的教授，對他而言，最重要的是有固定的收入。

這種情況從小時候就開始。虎克出生在一個不富裕的家庭，他長大後身體也很虛弱，貧窮的家境讓他無法擁有遠大的夢想。

但是，他似乎天生就擁有與眾不同的創造力和非凡的手藝。虎克分解老舊的時鐘，仔細觀察其運轉原理後，製作出用木頭運轉的鐘。

哇！手藝真好。你以後不用擔心餓肚子了。

這是我聽到過最棒的稱讚！

畫也畫得這麼好？你還有什麼做不到的？

我正在嘗試各種方法，尋找我做不到的事。

他也曾經想成為一名畫家，可能是因為他擅長摹擬畫家們的畫作，認為可以以繪畫維持生計。

我不用念書也可以畫得很好，為什麼要花錢上學呢？

如果我讓你免費念書呢？

這風險比投資在藝術上還要小呢。

虎克13歲時，拿著從父親那裡繼承的50英鎊遺產，想在畫家手下當學徒度日，但是他很快就改變了想法，考入了威斯敏斯特學校。

虎克18歲時，以唱詩班獎學金學生的身分進入了牛津大學，並且學業和賺錢並行。他在擔任醫生研究室助手期間，得到了人生中最重要的人的工作邀請。

我找你分享激情與志向，一起謀求學問，金錢比它們還重要嗎？

很重要。

我不會虧待你的。

他就是善良多金的波以耳。波以耳是貴族出身，在科學界非常有名望。但是他不把虎克當作單純的助手或僱員，而是當作同事科學家對待，尊重他的學識和能力。

虎克擅長製作實驗儀器，驗證理論的能力很強。除了牛津大學之外，波以耳的研究所也有很多科學家前來聽取他的建議。

我來找虎克先生諮詢。

讓我們一起弄個能提升人類文明的超棒組織吧。

請領取號碼牌後，到旁邊等待。

要給我薪水喔。

虎克，你有做我論文中的實驗嗎？

做過了。

結果如何？

馬馬虎虎。

虎克在波以耳主導成立的皇家學會中，實際上也發揮重要的作用。他在1662年成為皇家學會的首任實驗負責人，在學會內外發表的所有新發現和理論，都必須經過虎克的驗證。

虎克在幫助其他人進行研究的同時，自己也進行了獨特的研究。他用望遠鏡觀察木星表面的大紅斑，並舉出了木星旋轉的證據等等。過了一段時間，法國天文學家卡西尼（Giovanni Domenico Cassini）也觀察到了木星的大紅斑。

1665年對虎克來說意義非凡。當年，他成為了格雷沙姆學院的教授，還被任命為皇家學會的終身管理職務。但是最有意義的事是出版了一本廣為人知的書。

《微物圖誌》就像書名一樣，展現了微觀世界的面貌。該書收錄了我們熟悉的木栓細胞觀察內容。

第一個發明顯微鏡的人不是虎克，
但是他製作了比當時的任何顯微鏡
性能都高的複合顯微鏡。

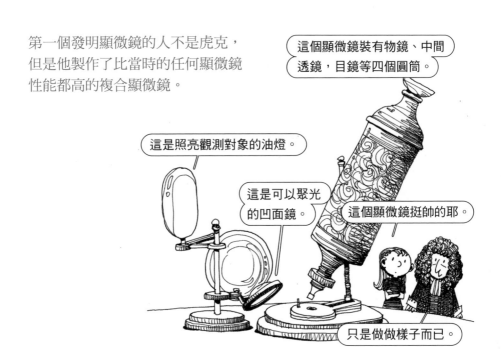

這個顯微鏡裝有物鏡、中間
透鏡，目鏡等四個圓筒。

這是照亮觀測對象的油燈。

這是可以聚光
的凹面鏡。

這個顯微鏡挺帥的耶。

只是做做樣子而已。

結果連繪畫實力都發揮出來了。

你是什麼時候這麼會畫畫的？

與生俱來。

看來自大的態度也是與生俱來。

虎克利用這個精良的顯微
鏡觀察了跳蚤、飛蛾、葉
子、種子等動植物，以及
刮鬍刀、雪的結晶等非生
物。他不僅觀察了無數東
西，還發揮了繪畫能力。

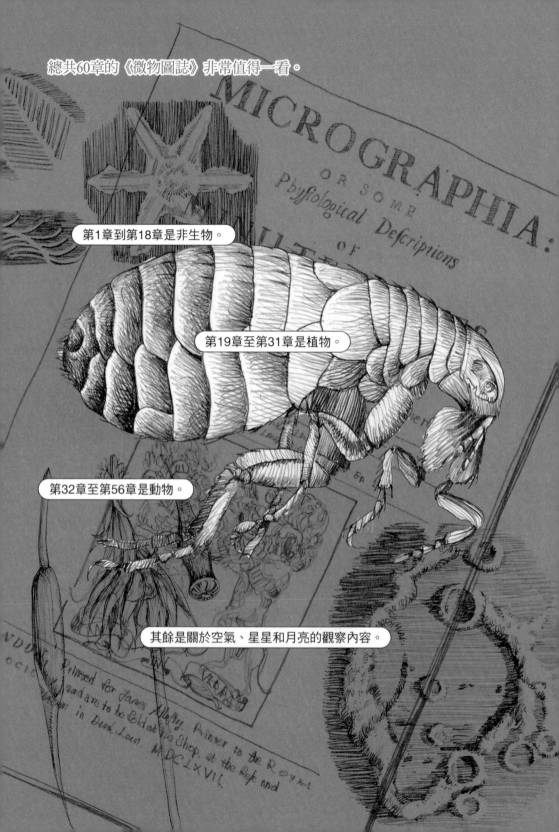

總共60章的《微物圖誌》非常值得一看。

第1章到第18章是非生物。

第19章至第31章是植物。

第32章至第56章是動物。

其餘是關於空氣、星星和月亮的觀察內容。

虎克在樹皮木栓中，觀察到像蜂窩一樣密密麻麻的小房間群聚形態。他果斷地給自己發現的東西取名為「細胞（cell）」。

《微物圖誌》在自然哲學家和一般大眾之間掀起了軒然大波。

除了用顯微鏡觀察發表的《微物圖誌》的顯著成功外，虎克所取得的成就也很多。 所謂的「虎克定律」也是其中之一。

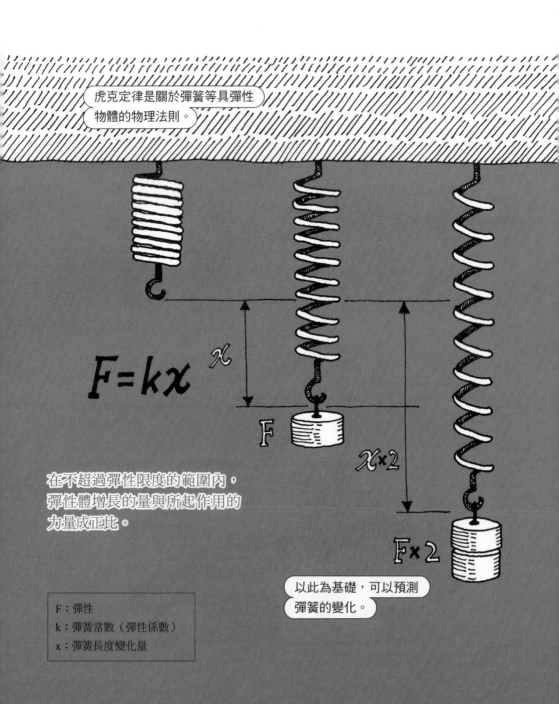

虎克定律是關於彈簧等具彈性物體的物理法則。

$$F=kx$$

x

$x \times 2$

F

$F \times 2$

在不超過彈性限度的範圍內，彈性體增長的量與所起作用的力量成正比。

以此為基礎，可以預測彈簧的變化。

F：彈性
k：彈簧常數（彈性係數）
x：彈簧長度變化量

此外，虎克在地質學領域對化石提出了非常接近今天的觀點。

虎克也研究光的性質和熱度，在倫敦大地震後負責重建工作，展現了作為建築師的優秀一面。

他在1679年寫信給牛頓，在信中說明了行星軌道的進行，太陽和行星之間的引力與距離的平方成反比，有可能出現軌道運動。但是，牛頓一直都沒有注意到虎克寫的內容。直到1684年，哈雷（Edmond Halley）試圖向牛頓徵求他對於虎克的假設的意見時，牛頓才用數學證明了這一點。

像牛頓這樣聰明的人，會說自己已經想到這些了。

即使這樣，我也要裝出一副了不起的樣子，這樣心裡才會舒服一些。

我已經都知道了。

Isaac Newton

果然。

Edmond Halley

當然，科學歷史上公認的不是虎克的想法，而是牛頓的定律。

是什麼鼓舞我的熱情直到死為止呢？

薪水和養老金？

虎克一生獻身皇家學會，使其成為名副其實的科學家研究機構。1703年他去世時，家裡留下了8000英鎊。

12

看見的不是全部

雷文霍克

安東尼・范・雷文霍克 Anton van Leeuwenhoek(1632～1723)

荷蘭顯微鏡與博物學家。親自製作高倍率顯微鏡,證明了肉眼看不見的微生物的存在。

最早觀察單細胞生物、細菌、酵母、人類精子的人，不是大學研究室或皇家學會的科學家。而是在17世紀，一位荷蘭的布店老闆，他手工自製最佳性能的高倍率顯微鏡，走進了微生物世界的深處。

剛開始使用顯微鏡的時候，人們沒看見的，遠比看見的還要多。

跟遠處相比，近距離觀察更困難吧？

看到了！我看到了！

什麼？

我不知道那是什麼，我看了我的那個！

虎克發現了死亡的木栓細胞，並命名為「cell」，但他看到的只是冰山一角。

你給他看了什麼？

讓他嘗嘗甜頭。

微生物世界中，許多生命體躲在隱密的地方，
沒有被人類的肉眼發現。

重要的東西都還沒有被世人看到。

當時複合顯微鏡的倍率有限，科學家們的視線，仍無法發現微生物所在的世界。

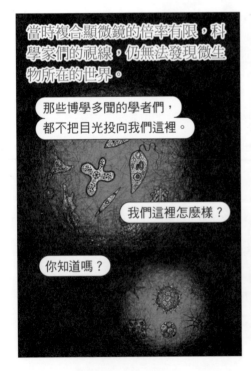

那些博學多聞的學者們，
都不把目光投向我們這裡。

我們這裡怎麼樣？

你知道嗎？

揭開微生物世界神秘面紗的，不是知名科學家的研究，而是出於人類的好奇心。

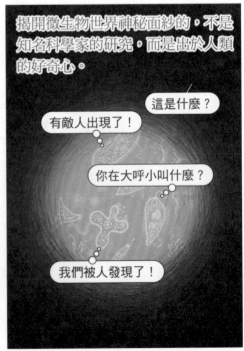

這是什麼？

有敵人出現了！

你在大呼小叫什麼？

我們被人發現了！

雷文霍克是荷蘭台夫特商人的兒子。以他的家庭情況和周邊環境來看，學問和科學研究是件奢侈的事。

爸爸，我能夠上大學嗎？

大學？那是什麼地方？

聽說是繳了錢之後，大家聚在一起動腦的地方。

那些人是笨蛋吧。

雷文霍克年輕時開了一家布店，因為熟練的裁縫技術與生意技巧，生意興隆，賺了不少錢。

沒去大學比較好，對吧？

可是跟錢相比，名譽不是更重要嗎？

誰說的？

大學生們。

那些人是笨蛋。

人有閒暇時間就會尋找增添生活樂趣的興趣，不過他選擇的興趣十分
與眾不同。

虎克觀察木栓細胞壁後寫下
的暢銷書籍《微物圖誌》，
雷文霍克也許是受到這本書
的啟發，他喜歡用顯微鏡觀
察事物，把科學當作興趣。

雷文霍克的顯微鏡觀察是一種沒有義務感的興趣，因此他與科學家們的觀察不同。最重要的是顯微鏡鏡片上放的對象都不同。

如果是科學家，為了發現未知的生命體，會關注昆蟲或動植物等生命體，或是可能存在生命體的場所。

雷文霍克對於毫不起眼的事物充滿好奇心，
他用顯微鏡觀察了雨滴、池塘的水、
骯髒的糞便等等。

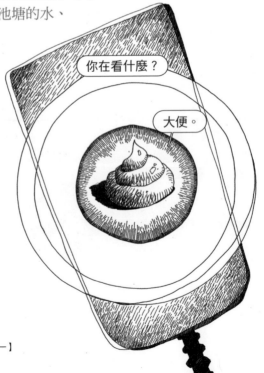

於是他眼前出現一片新天地。

要觀察什麼好呢？

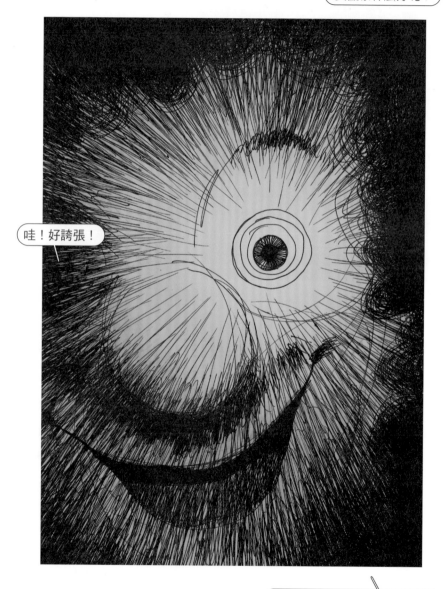

哇！好誇張！

太多東西了，不知從何看起。

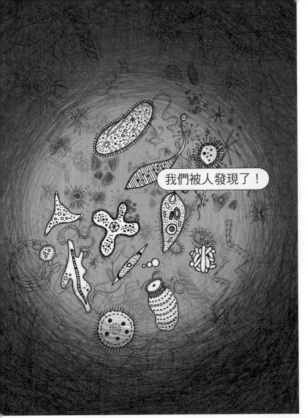

他發現無數的東西在蠕動。
在那之前，從來沒有任何科
學家發現過的微生物世界，
在這個外行人的顯微鏡鏡頭
下，毫無保留地展現。

1674年，原生生物*綠藻類、
水綿酵母菌、細菌等等，接連
不斷地被發現。

*原生生物
單細胞生物的總稱，具有單核、染
色體以及單細胞生殖構造。

雷文霍克能夠清楚看到微生物的另一個原因是，他有特別的顯微鏡。他當時使用的不是科學家常用的複合顯微鏡，而是單透鏡顯微鏡。

雷文霍克旺盛的好奇心，最終使鏡頭對準了人的精液，映入眼簾的是數千隻有著小頭，長着尾巴的精子。

雷文霍克的觀察興趣絕對不是普通的科學成就，但是他並沒有發表論文或書籍，他只是寄信到皇家學會。然而，皇家學會中謹嚴的自然哲學家們，無視荷蘭商人的來信。

這次我想讓你們看看我的驚人發現。

上次的驚人發現如何呢？這次我要給你們看更驚人的發現。

這個人是作家嗎？

他不是布店老闆嗎？

他也太自大了吧。

有點錢就自以為是了。

這個人真是的……他住在哪裡？

好像住在荷蘭……？

那去捐錢就好啦。

不過，《微物圖誌》的作者，也是皇家學會的實力派人物虎克，發現雷文霍克的觀察的科學意義。

你們應該透過實驗進行反駁或是證明，而不是光說風涼話。

這只是一封商人寄的信啊？

商人在觀察的期間，你們到底在做什麼？

虎克藉由實驗和重新觀察，證明了雷文霍克的發現。
於是，雷文霍克是微生物的最早發現者，在科學史上留下名字。

1680年，雷文霍克終於獲得了皇家學會會員資格。

從那之後，雖然他持續製作鏡片並維持他的
愛好，但是他始終沒有公開自己所使用的高
倍率顯微鏡的製作技術和使用方法。

13

光學之父
海什木

海什木 Ibn Al-Haytham(965?～1040?)

阿拉伯數學家、物理學家和天文學家。他駁斥了光線是從眼睛出來，再感測物體的錯誤「射出說」理論，並提出眼睛是接收到物體所反射出來的光線，才能看到物體的光學理論。

直行的光線經由物體反射，在人的視網膜上形成影像，這個
視覺原理由海什木首次表明，因此他被稱為「光學之父」。
他是伊斯蘭文化圈的自然哲學家、物理學家、數學家和公務
員，也曾經被關進監獄。

古代的自然哲學家們，無法理解光的屬性和視網膜的功能。因此，亞里斯多德只能模糊地解釋，我們之所以能夠看到東西，是因為事物的形象進入了人們的視線。

仔細看看，這個東西的模樣，是不是感覺像進去了眼睛一樣？

我只是看著，沒有感覺耶？

就是這樣！

老師，您知道我們怎麼會看到這個世界嗎？

仔細聽好。事實是這樣的。

期待期待

歐幾里得（Euclid）和托勒密提出了更稀奇的觀點。

那道光線碰到物體後，又重新進入眼睛裡。

眼睛會發出光線。

大哥。

謝謝。

羅馬詩人兼哲學家盧克萊修（Lucretius Carus）主張，光是從物體放出的粒子，除此之外，歐洲的科學社會中，沒有像樣的光學理論。

文藝復興時期之前，不僅是光學，幾乎所有學問都在沉睡中。此時主要研究自然哲學的都是伊斯蘭文化圈的學者。

代數的花拉子米（Al - Khwarizmi），對西洋醫學也產生影響的伊本‧西納（Ibn Sina），以及替亞里斯多德著作寫了註解的伊本‧巴哲（Ibn Baja）和伊本‧魯世德（Ibn Rushd）等傑出的伊斯蘭學者，扮演著連接古代和近代學問的角色。

要說的話，我們的研究對哥白尼、克卜勒或牛頓很有幫助吧？

謝謝大哥們。

但是，我們不會洋洋得意，只是放在心裡。

你們真的很棒。

西元965年左右出生於伊拉克巴斯拉的海什木就是其中之一。海什木專注於光學研究的契機非常特別。他原來是公務員，才華洋溢，野心也很大。

我的全名是穆哈默德‧本‧哈桑‧本‧海什木‧巴斯拉。

你這樣下去當不了偉人。

你一看就知道嗎？

你應該想做些有遠見、有膽量，有出息的事吧？

你說的沒錯！我該怎麼做呢？

去河邊看看吧。

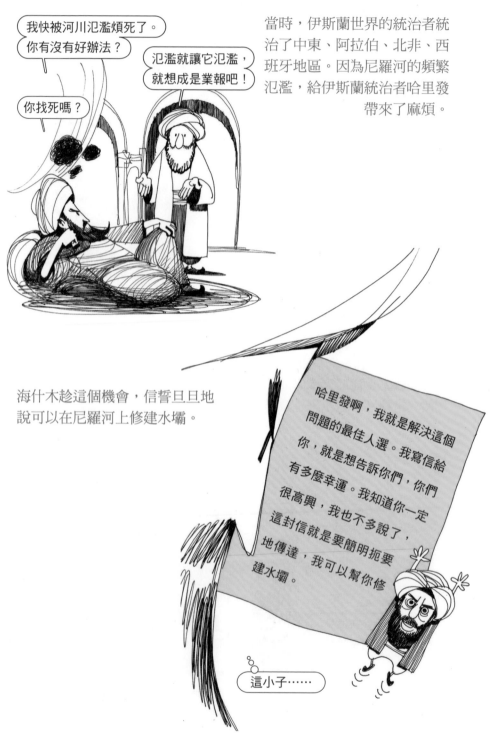

我快被河川氾濫煩死了。
你有沒有好辦法？

氾濫就讓它氾濫，
就想成是業報吧！

你找死嗎？

當時，伊斯蘭世界的統治者統治了中東、阿拉伯、北非、西班牙地區。因為尼羅河的頻繁氾濫，給伊斯蘭統治者哈里發帶來了麻煩。

海什木趁這個機會，信誓旦旦地說可以在尼羅河上修建水壩。

哈里發啊，我就是解決這個問題的最佳人選。我寫信給你，就是想告訴你們，你們有多麼幸運。我知道你一定很高興，我也不多說了，這封信就是要簡明扼要地傳達，我可以幫你修建水壩。

這小子……

哈里發對海什木深信不疑，甚至親自在開羅舉行歡迎儀式。

快來，海什木！
你以前躲在哪裡，怎麼現在才出現？

我是個懷才不遇的公務員。

但是海什木親眼看到尼羅河之後，嚇得瞠目結舌。

沒想到河這麼大！

怎麼了？你似乎很驚訝？

以我們10世紀的技術是不可能的……

但是海什木已經誇下海口，所以他為了保住性命而想出鬼點子。

從那天起，海什木一直假裝成瘋子，被關在家裡並且被監視著，直到哈里發去世為止。

被軟禁在家裡雖然煩悶又不舒服，但是也有好處。因為他不再是公務員，不再有人使喚他做事，因此可以研究平時好奇的事情。

那小子最近在做什麼？

他在做研究和實驗的樣子。

看來是真的瘋了。

光線從眼睛出來？
說這話的人瘋了吧？

當時他對於光線和人的視覺十分感興趣。他的想法和古代自然哲學家的主張不同。

來！你看。圓圓的太陽升起了吧？
快從位子上站起來。
然後你最先會做什麼？

海什木認為太陽的光會先直射到物體上，再經由物體反射分散到四面八方。為了證明光線進入人的眼睛裡如何產生視覺作用，海什木用黃牛的眼睛進行了實驗。

他在做什麼？

他是瘋子嗎？不用理會他。
反正都是對牛彈琴。

讓我看一下眼睛。

哞～我被瘋子抓住了～

眼睛裡有很小的孔，也有鏡片的形狀。

就是這個，
然後這樣還有那樣。

光線通過那個孔進入眼睛，
鏡片就會聚集光線。

你是說瞳孔、水晶體和視網膜嗎？

他用圖畫來說明光線通過瞳孔進入到眼睛內側，並且在柔軟敏感的表面成像的過程。

海什木製作了「暗箱」來證明他的理論。外面的風景或物體所反射的光線從小洞進入箱子內部，在箱子內側投射成相反的像。

以前也有畫家利用這個裝置畫風景畫。

Camera Obscura

風景真好。

這個和針孔照相機是一樣的原理。

海什木在暗箱前方擺了幾盞油燈，並且擋住其中一盞油燈的光進入暗箱的路徑，結果正如他猜想的，那盞油燈沒有在暗箱內成像。

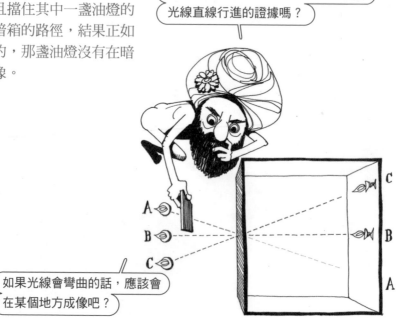

擋住這裡時就看不到成像，這不就是光線直線行進的證據嗎？

如果光線會彎曲的話，應該會在某個地方成像吧？

海什木整理其實驗和研究結果，寫了共七卷卷軸形式的書《光學之書》。該書於1270年翻譯成拉丁文，1572年由德國數學家李斯納（Friedrich Risner）在巴塞爾出版。

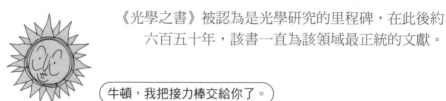

《光學之書》被認為是光學研究的里程碑，在此後約六百五十年，該書一直為該領域最正統的文獻。

牛頓，我把接力棒交給你了。

謝謝。

哈里發死後，海什木依然沒有停止對各個領域的研究。他在天文學領域也指出了托勒密的錯誤。

人們叫我第2個托勒密。

這是稱讚嗎？還是罵人？

不管怎樣，就是說我博學。

他還研究了引力引起的物體加速度。特別是只要不施加外部力量，靜止或移動的物體就傾向於保持狀態的主張，與後來牛頓的公式一樣，這是對運動定律的直覺。

海什木直到74歲閉上眼睛為止，先後撰寫了兩百多篇手稿，
涉及光學、數學、天文學和醫學等領域，
其成果對近代西方的實驗科學產生了巨大影響。
伊拉克的一千第納爾紙鈔上就印著他的肖像。

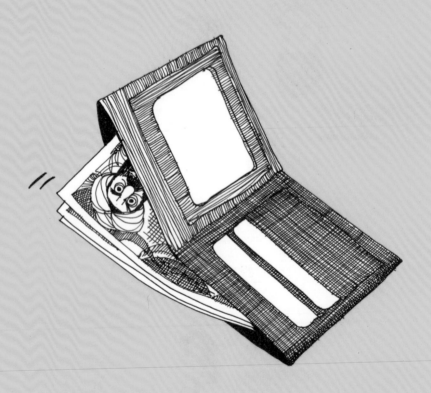

14

三個運動定律
牛頓 1

艾薩克・牛頓 Isaac Newton(1642～1727)

英國物理學家、數學家及天文學家。確立了古典力學的理論，確立了引力概念，發現微積分的計算方法，探索光的性質。

伽利略透過有關自由落體和慣性的思想實驗，為近代科學提

供了重要提示，他去世後，英國又誕生了一位偉大的人物。

他就是牛頓。牛頓闡明了運動的三個定律。

力學是探索物體的力量
和運動規律的一門物理
學領域。

從17世紀至今，在科
學世界成為運動定律
里程碑的古典力學，
是由牛頓確立的。

想要了解古典力學，並不用全
部了解牛頓所使用的方程式。
但是其中有幾個有趣的概念，
可以一起來理解。

首先，請試著回答這個問題！
靜止的物體，和以一定速度運動的物體之間，有什麼共同點呢？

正確答案是，兩者的加速度都是「0」。
也就是說，在物理感覺上，兩者是沒有差異的。

速度和我們在日常生活中所說的速率，在概念上有些不同。

首先，提到速率（speed）的時候，時速是幾公里，意思為每單位小時走了多少公里。

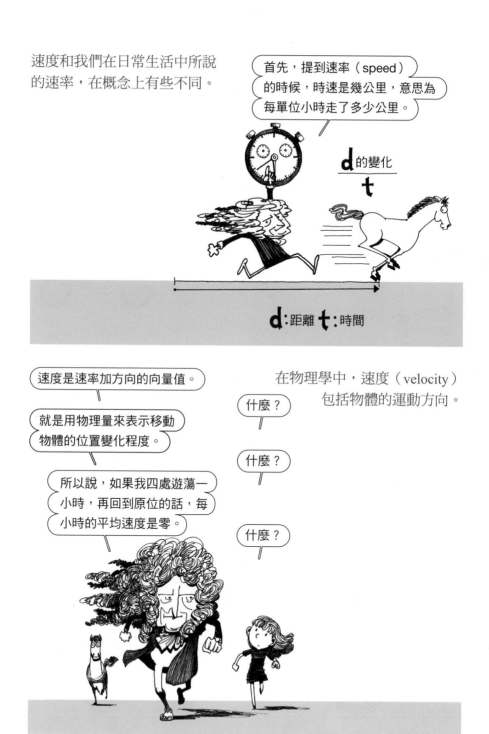

$\dfrac{d\text{ 的變化}}{t}$

d：距離　t：時間

速度是速率加方向的向量值。

就是用物理量來表示移動物體的位置變化程度。

所以說，如果我四處遊蕩一小時，再回到原位的話，每小時的平均速度是零。

在物理學中，速度（velocity）包括物體的運動方向。

什麼？

什麼？

什麼？

所以速度可以用負數來表現。
那麼標示為負的速度應該要怎麼
進行呢？

另外，移動的物體在運動中
速度也會發生變化。加速度
即是顯示速度的變化率。

速度增加的時候，就是物體具有加
速度。

速度減少也是物體具有加速度。

讓我們用速度表來說明加速度。下圖是直線上標有刻度的速度表。此時速度表的指針速度就是加速度。

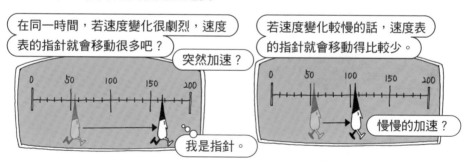

所以保持一定速度的時候,指針會如何?它會呈現靜止狀態,即速度表維持不動。

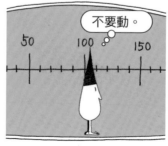

就像踩下汽車的油門踏板後，速度會增加，踩下剎車後，則會減速一樣，加速度是由外部力量產生的。

相同質量的狀態下，力量越大，加速度就越大。

並且物體質量越大，速度就越難被改變。因此，當力量相同時，質量與加速度的關係就成反比。

上述內容用方程式表現的話，就是牛頓的第二運動定律。

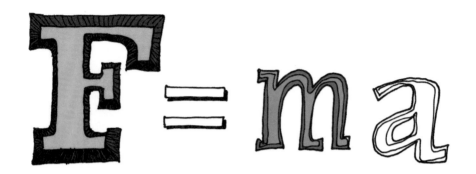

$$F = ma$$

比例常數為1時，這裡的力量為作用於物體上的力量總和，也就是淨力。

那麼，如果對物體的施力為0的話，會是什麼狀態呢？

但是，所有物體的運動都具有
想要維持加速度為0的狀態的性
質。這個性質叫做慣性。

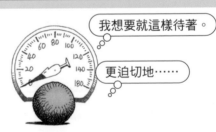

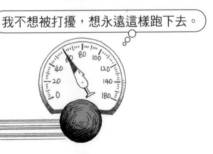

牛頓的第一運動定律——慣性定律，在牛頓提出之前，伽利略已經透過思想實驗證明它的存在。

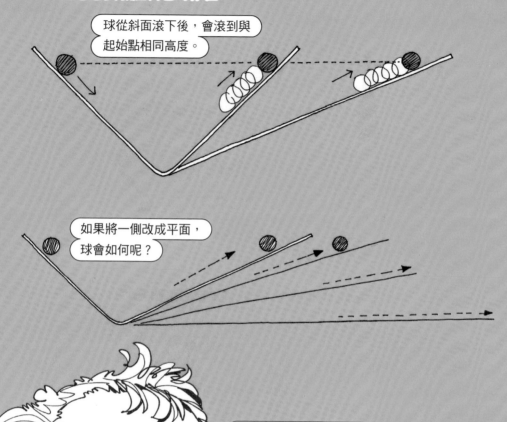

球從斜面滾下後，會滾到與起始點相同高度。

如果將一側改成平面，球會如何呢？

它會永遠直線滾動……

這是不考慮摩擦力的思想實驗……

現在我們來了解一下，加速度一定的運動狀態是什麼情況吧。

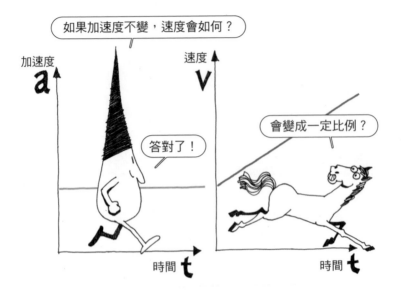

保持一定加速度的等加速度運動的例子，就是自由落體運動。

對進行自由落體運動的物體施加的
力量是重力。伽利略發現，如果無
視空氣阻力，所有物體在降落時，
都會有相同的加速度。

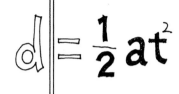

聽說伽利略知道耶。

此時，加速度是重力加速度
9.8m/sec²。
在自由落體運動中，
牛頓的第二運動定律為F=mg。
g是重力加速度。

$$F = mg$$

←9.8 m/sec²

m是我的質量。

將物體從頭頂垂直往上拋，物體在頂點瞬間停止時，球的加速度是多少呢？

是 0 嗎？

不是，即使速度暫時停止，重力加速度的大小還是一樣。

為什麼？

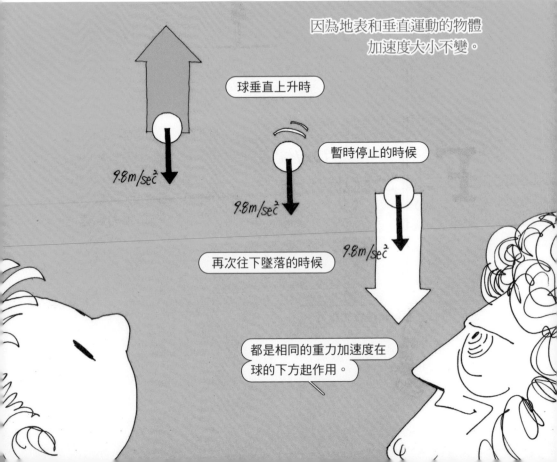

因為地表和垂直運動的物體加速度大小不變。

球垂直上升時

$9.8 \mathrm{m/sec^2}$

暫時停止的時候

$9.8 \mathrm{m/sec^2}$

再次往下墜落的時候

$9.8 \mathrm{m/sec^2}$

都是相同的重力加速度在球的下方起作用。

物體掉在地面時，重力也會發揮作用。所以重量單位是以地球作用於物體的力量的 N（牛頓）來表示。

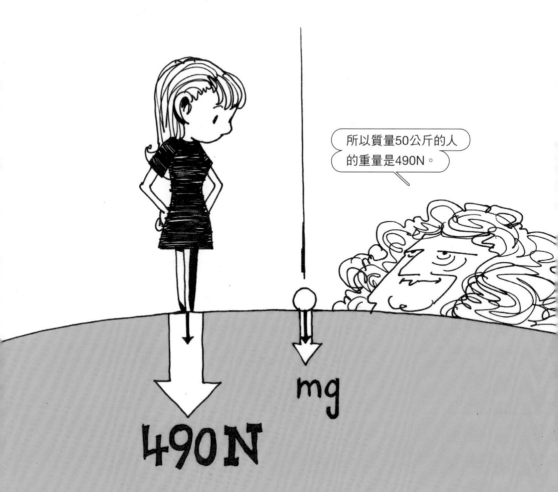

牛頓的第三運動定律是作用
與反作用定律。

所有作用力都存在著大小
相同、方向相反的反作用力。

我推牆的同時，也有同樣大小的力量在推我。

例如，火箭發射就是利用相
對應的反作用力讓它飛行。

想要發射火箭，就必須有比火箭
重量更大的力量來推動火箭。

只要製造出相對應的
反作用力就行了。

火箭燃燒著燃料，底部會噴出排放的氣體。燃燒的燃料量和釋放的氣體速度越快，產生的反作用力就越大。

反作用的力量一旦超過火箭的重量，火箭就會向上竄升。

作用與反作用力

火箭重量

空氣摩擦力

然後，火箭在戰勝摩擦力的同時，火箭升空，朝向天空，朝向更遠的宇宙……

宇宙中就算沒有力量，也會依照慣性永遠往前進吧？

真的會如此嗎？

飛向太空的物體是依靠什麼力量進行怎樣的運動
呢？月球是如何？地球和行星又是如何？很久以
前，亞里斯多德曾說過，地上界運動和天上界的
運動是不同的。

地上萬物會直線墜落，而天
上星星則是浮著旋轉。

旋轉的力量或是突然墜落的
力量都是一樣的。

但是牛頓將自己確立的運動定律
擴展到了無限的宇宙。

15

宇宙的力量

牛頓 2

到17世紀後期為止，沒有人可以明確回答何者造成天體運動。那時牛頓認為，物體在地球上墜落時的力量，和宇宙行星公轉時作用的力量是一樣的，這個力量就是重力。

1665年，23歲的牛頓想到了。

對了！

什麼？

月球在轉動嗎？

世界上所有的物體，甚至是天上的月亮也在持續墜落。

實際上是時時刻刻都在墜落。

他回憶道，他在那個年代發現了古典力學的萬有引力，但是實際上於1687年才發表，當時他已經75歲。

為什麼不發表呢？

因為很忙也無可奈何啊。

你在忙什麼呢？

忙著害羞啊。

這個怎麼想都覺得是為以後的某人鋪上紅地毯呢？

是為誰呢？

感覺是說出9.8m/sec^{2}乘以kg的人。

在牛頓生活的時代，包括實驗科學奇才虎克在內，很多著名的自然科學者以皇家學會為中心展開活動。

在謙遜的背後，如果不好好地過上好日子，就不是科學家了。

牛頓雖然個性靦腆，但也具有野心。

這是謙虛嗎？還是自以為了不起？

他製作性能良好的反射望遠鏡，送給國王查爾斯二世，並因此被推薦為皇家學會會員。

1672年，他向皇家學會提交論文《關於光和色彩的新理論》，因此獲得科學家的資格認可，還曾與當代科學界的實力派人物虎克反目。

1684年，英國天文學家哈雷前來訪問牛頓。他表示最近虎克向自己和科學家同事萊恩（Christopher Wren）說了一些假設，於是前來徵求牛頓的意見。

艾薩克！我來了。

什麼風把你吹來啦？

有點事想問你。

虎克的假設內容，是關於遵循克卜勒定律的行星軌道運動的力量。但是讓哈雷更驚訝的是牛頓的反應。

我聽虎克說，太陽和行星之間的距離有一股成平方反比的力量，所以行星才可以旋轉。那是對的嗎？

是這樣沒錯。

這些我早就已經知道了。

什麼時候？

大概20年前？

哈雷詢問能否從數學角度證明其內容，牛頓馬上整理成方程式並展示出來。

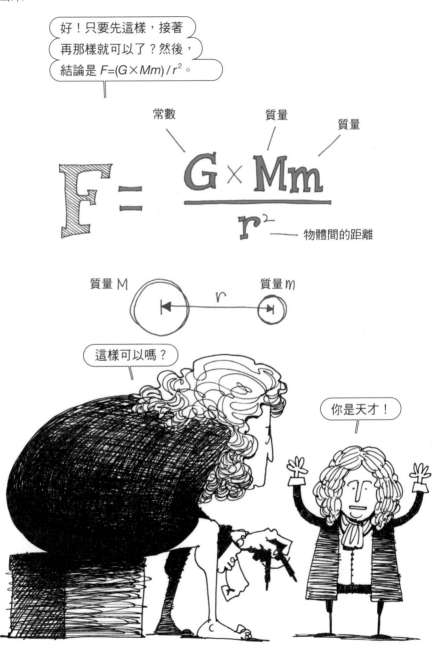

然後在哈雷的積極勸說下，牛頓在1687年出版了一本關於所有運動定律的書。

這本書為什麼不早點出版呢？

因為我在等你推我一把。

科學史上最偉大的教材，也是古典力學相關的經典著作，那就是《自然哲學的數學原理》，常簡稱作《原理》。

現在讓我們來了解一下《原理》中的
主角——重力吧。

月球因為重力而墜落。

沒有速度變化的運動。

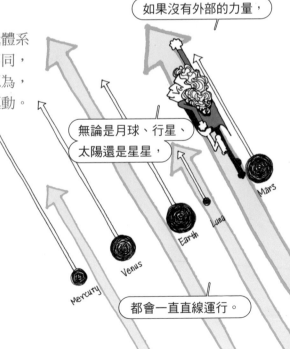

保持時速60公里。

如前所述，所有遵循慣性定律的物體，
都會進行加速度為0的等速運動。

長久以來亞里斯多德的知識體系
認為，天體與地上界物體不同，
進行著圓周運動。而牛頓認為，
宇宙的運動也是直線等速運動。

如果沒有外部的力量，

無論是月球、行星、
太陽還是星星，

都會一直直線運行。

Mars

Earth Luna

Venus

Mercury

但是月球和行星們畫著橢圓形公轉，也就是速度改變了。

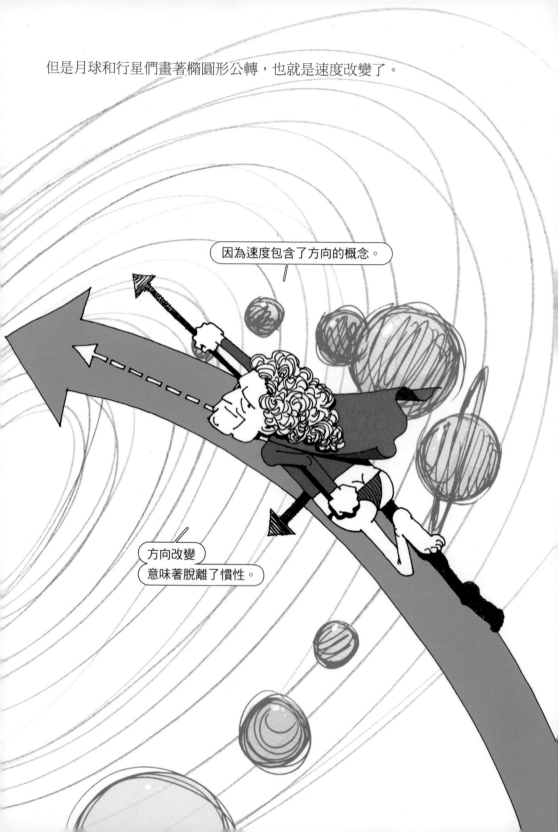

因為速度包含了方向的概念。

方向改變
意味著脫離了慣性。

這就是脫離慣性狀態，產生加速度的情況。那麼，天體運動是下列哪種情況呢？

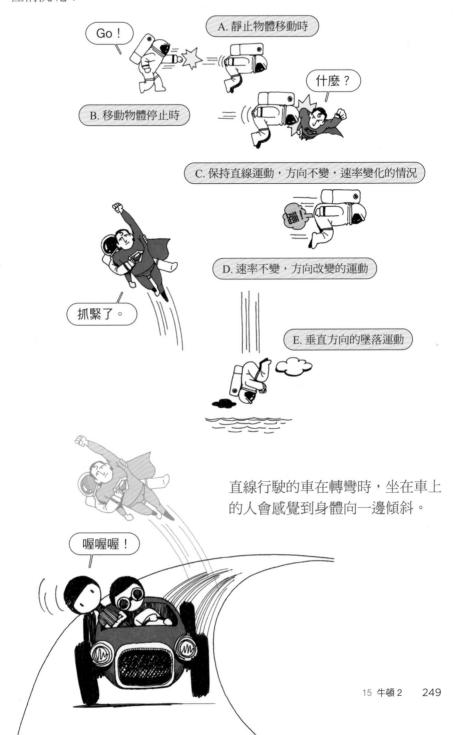

A. 靜止物體移動時

Go！

什麼？

B. 移動物體停止時

C. 保持直線運動，方向不變，速率變化的情況

D. 速率不變，方向改變的運動

抓緊了。

E. 垂直方向的墜落運動

直線行駛的車在轉彎時，坐在車上的人會感覺到身體向一邊傾斜。

喔喔喔！

這時加速度的力量垂直作用於物體的運動方向，是指向旋轉中心的力量——向心力。我們從與向心力相反的方向感受到慣性的力量。

同樣地，月球或行星進行加速度的旋轉運動，意味著某種力量在起作用。

月球沒有直接飛向宇宙，而是不斷地旋轉，這是因為像線的張力一樣，有一股以地球為中心的力量拉著月球。

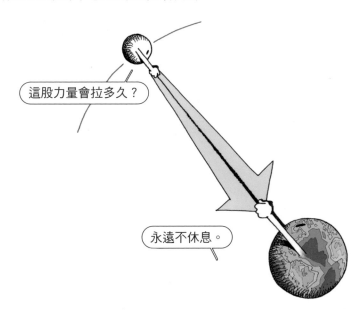

但是月球和行星的運動中，沒有像線的張力一樣實際接觸的力量。正因為如此，科學家們不敢輕率地談論這股神祕的力量。

但是牛頓沒有這個煩惱。他像理論物理學者一樣，只要能用數學證明，那就是現實。

牛頓為了說明重力的軌道運動，在《自然哲學的數學原理》中展示了發射炮彈的思想實驗。

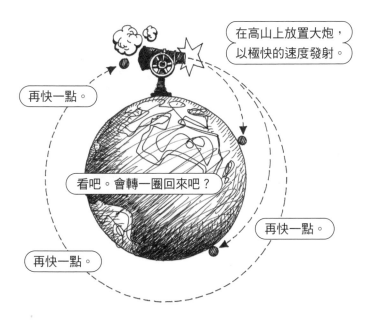

同樣地，以正確速度向宇宙發射的人造衛星，會持續進行軌道運動，不會飛離軌道。

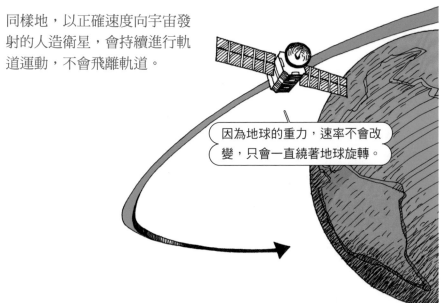

牛頓將重力的力量擴展至整個宇宙，使之成為適用於萬物的普遍力量。

蘋果和月球都一樣吧？
如果月球沒有慣性，也會掉到地球上。

那麼，一開始推著月球產生慣性的力量是什麼？

應該是神的力量吧。

現在學會裡，沒有人比我懂得更多，比我更謙虛了吧？

《自然哲學的數學原理》出版之後，牛頓成為歐洲科學界最著名、最有權威的人物。

只知道謙虛的人。

據說，牛頓在1665年想到了萬有引力。
到了1666年，他創立了包括光和重力在內的所有力學理論，
還確立了微積分學的概念。人們把當年稱為牛頓的「奇蹟之年」。

Annus Mirabilis：拉丁語，意為「帥氣的一年」或「奇蹟之年」。

　　兒子8歲那年，從某處聽說，宇宙中除了太陽系之外，還有數不清的星系世界，於是他做了屬於自己的行星系，並且取了名字。

　　兒子一邊哼著歌，一邊在小筆記本裡隨手塗鴉，創造出來了另一個宇宙。

　　世界上所有孩子的想像力所創出的宇宙，和現在的宇宙相比，哪一個更大呢？

　　這個答案連科學家都不知道吧。

行星系想像
2016.1.7　8歲的律

本書登場人物及其主要事蹟

第1冊
第2冊
第3冊

B.C.460?~370?
德謨克利特

完成古代原子論

B.C.384~322
亞里斯多德

所有科學領域集大成

965?~1040?
海什木

查明人的眼睛受到光照的視覺現象

1473~1543
哥白尼

1543年近代天文學起源的《天體運行論》出版

85?~165?
托勒密

1514~1564
維薩留斯

1564~1642
伽利略

1604年發表近代慣性概念
1610年出版《星際信使》正面反駁傳統宇宙觀

1571~1630
克卜勒

1609年在《新天文學》中發表克卜勒第一定律、第二定律

1596~1650
笛卡兒

17世紀提出光是經過乙太這個介質傳遞的波動

1578~1657
哈維

1602~1686
格里克

1608~1647
托里切利

1622~1703
維維亞尼

1625~1712
卡西尼

1544~1603
吉爾伯特

1600年《論磁石》出版

1546~160
第谷

1573年出版《新星》，反對
了亞里斯多德宇宙世界觀中
天體不變的理論
1600年第谷與克卜勒相遇

1561~1626
培根

1620年主張對抗
現有邏輯學的歸
納法

1632~1723
雷文霍克

1674年首次觀察到原生
生物

1635~1703
虎克

1665年親手製作顯微鏡
觀察細胞

1642~1727
牛頓

1687年在《自然哲學的
數學原理》中確立近代
力學和近代天文學

1627~1691
波以耳

1627~1705
約翰・雷

1629~1695
惠更斯

1656~1742
哈雷

第 40 頁　　馬克思Karl Marx，〈德謨克利特的自然哲學和伊比鳩魯的自然哲學之區別The Difference Between the Democritean and Epicurean Philosophy of Nature〉，1902.

第 47 頁　　康德Imanuel Kant，《純粹理性批判Critique of Pure Reason》，1781.

第 59 頁　　哥白尼，《初述First Account of the Books on the Revolutions》，1540.

第 61 頁　　哥白尼，《天體運行論On the Revolutions of Heavenly Spheres》，1543.

第 75 頁　　第谷，《新星On the New Star》，1573.

第 79 頁　　第谷，〈新天文學入門Introduction to the New Astronomy〉，1587~1588.

第 92 頁　　克卜勒，《宇宙的奧秘Cosmographic Mystery》，1596.

第112頁　　吉爾伯特，《論磁石On the Loadstone and Magnetic Bodies, and on the Great Magnet the Earth; a new Physiology, Demonstrated With Many Arguments and Experiments》，1600.

第114頁　　克卜勒，《新天文學New Astronomy》，1609.

第115頁　　克卜勒，《世界的和諧Harmonies of the World》，1619.

第116頁　　克卜勒，《哥白尼天文學概要Epitome of Copernican Astronomy》，1617~1621.

　　　　　　克卜勒，《魯道夫星表Rudolphine Tables》，1627.

第120頁　　伽利略，《關於托勒密和哥白尼兩大世界體系的對話Dialogue Concerning the Two Chief World Systems》，1632.

第127頁　　伽利略，《星際信使Sidereus Nuncius（The Sidereal Messenger）》，1610.

參考文獻

- 具仁善，《유기화학（有機化學）》綠文堂

- 金熙俊等，《과학으로 수학보기, 수학으로 과학보기（科學看數學、數學看科學）》宮理

- Forbes, Nancy et Mahon, Basil. *Faraday, Maxwell, and the Electromagnetic Field: How Two Men Revolutionized Physics.* Prometheus Books

- MacArdle, Meredith et Chalton, Nicola. *The Great Scientists in Bite-sized Chunks.* Michael OMara Books Ltd

- Lindley, David. *Boltzmanns Atom: The Great Debate That Launched A Revolution In Physics.* Free Press

- Kiernan, Denise et D'Agnese, Joseph. *Science 101: Chemistry.* Harper Perennial、2007

- Gonick, Larry. *The Cartoon Guide to Calculus.* William Morrow

- Munroe, Randall. *What If?: Serious Scientific Answers to Absurd Hypothetical Questions.* Houghton Mifflin Harcourt（中文版《如果這樣，會怎樣？：胡思亂想的搞怪趣問 正經認真的科學妙答》由天下文化出版）

- Epstein, Lewis Carroll. *Thinking Physics.* Insight Press

- Lederman, Leon Max. *The God Particle: If the Universe Is the Answer, What Is the Question?* Houghton Mifflin Harcourt

- Heer, Margreet De. *Science: A Discovery in Comics.* NBM Publishing

- Faraday, Michael. *The Chemical History of a Candle.*（中文版《法拉第的蠟燭科學》由台灣商務出版）

- Wheelis, Mark et Gonick, Larry. *The Cartoon Guide to Genetics.* Harper Perennial

- 朴晟萊等，《과학사（科學史）》傳播科學史

- Gower, Barry. *Scientific Method: A Historical and Philosophical Introduction.* Routledge

- Parker, Barry. *Science 101: Physics.* Harper Perennial

- Bova, Ben. *The Story of light.* Sourcebooks

- Maddox, Brenda. *Rosalind Franklin: The Dark Lady of DNA.* Harper Perennial

- 崎川範行，《新しい有機化学（新有機化學）》講談社

- 宋晟秀，《한권으로 보는 인물과학사（一本看完人物科學史）》bookshill

- 小牛頓編輯部編譯，《완전 도해 주기율표（完全圖解週期表）》小牛頓

- Huffman, Art et Gonick, Larry. *The Cartoon Guide to Physics.* Harper Perennial

- Whitehead, Alfred North. *Science and the Modern World.*

- Hart-Davis, Adam et Bader, Paul. *The Cosmos: A Beginner's Guide.* BBC Books

- Hart-Davis, Adam. *Science: The Definitive Visual Guide.* DK

- 李政任，《인류사를 바꾼 100대 과학사건（改變人類史的百大科學事件）》學民史

- 鄭在勝，《정재승의 과학 콘서트（鄭在勝的科學演唱會）》across

- Watson, James D. *The Double Helix: A Personal Account of the Discovery of the Structure of DNA.*

- Ochoa, George. *Science 101: Biology.* Harper Perennial

- Henshaw, John M. *An Equation for Every Occasion: Fifty-Two Formulas and Why They Matter.* JHU Press

- Gribbin, John. *Almost Everyone's Guide to Science: The Universe, Life and Everything.* Yale University Press

- Henry, John. *A Short History of Scientific Thought.* Red Globe Press

- Sagan, Carl. *Cosmos.* Random House

- Stager, Curt. *Your Atomic Self: The Invisible Elements That Connect You to Everything Else in the Universe.* Thomas Dunne Books

- Criddle, Crake et Gonick, Larry. *The Cartoon Guide to Chemistry.* Harper Collins

- Transnational College of Lex. *What is Quantum Mechanics? A Physics Adventure.* Language Research Foundation

- Heppner, Frank H. *Professor Farnsworth's Explanations in Biology.* McGraw-Hill College

- Moore, Peter. *Little Book of Big Ideas: Science.* Chicago Review Press

- 洪盛昱，《그림으로 보는 과학의 숨은 역사（圖畫看科學隱藏的歷史）》書世界

索引

改變人類命運的科學家們【之一】
從哥白尼到牛頓，地球依然在轉動

과학자들 1

作　　者　金載勳
譯　　者　張珮婕
審　　訂　鄭志鵬
封面設計　萬勝安
內頁排版　藍天圖物宣字社
校　　對　黃薇之
業　　務　王綬晨、邱紹溢
資深主編　曾曉玲
副總編輯　王辰元
總 編 輯　趙啟麟
發 行 人　蘇拾平

出　　版　啟動文化
　　　　　台北市105松山區復興北路333號11樓之4
　　　　　電話：（02）2718-2001　傳真：（02）2718-1258
　　　　　Email：onbooks@andbooks.com.tw

發　　行　大雁文化事業股份有限公司
　　　　　台北市105松山區復興北路333號11樓之4
　　　　　24小時傳真服務（02）2718-1258
　　　　　Email：andbooks@andbooks.com.tw
　　　　　劃撥帳號：19983379
　　　　　戶名：大雁文化事業股份有限公司

二版一刷　2023年9月
定　　價　500元
I S B N　978-986-493-142-2

과학자들 1~3 ⓒ 2018 by 김재훈 c/o Humanist Publishing Group Inc.
All rights reserved
First published in Korea in 2018 by Humanist Publishing Group Inc.
This translation rights arranged with Humanist Publishing Group Inc.
Through Shinwon Agency Co., Seoul and Keio Cultural Enterprise Co., Ltd.
Traditional Chinese translation rights ⓒ 2019 by On Books／And Books, a base of publishing
本書由韓國出版文化產業振興院（KPIPA）贊助出版

國家圖書館出版品預行編目(CIP)資料

改變人類命運的科學家們【之一】：從哥白尼到牛頓，
地球依然在轉動 / 金載勳著；張珮婕譯. – 二版. –
臺北市：啟動文化出版：大雁文化發行, 2023.09
　面；　公分
ISBN 978-986-493-142-2(平裝)
1.科學家　2.傳記　3.通俗作品
309.9　　　　　　　　　　　　　　112011141